RUSSIAN — ENGLISH/ENGLISH — RUSSIAN GLOSSARY OF STATISTICAL TERMS

Prepared for the International Statistical Institute by

SAMUEL KOTZ, M.SC., PH.D.

Professor of Mathematics, Temple University,
Philadelphia, U.S.A.

RUSSIAN – ENGLISH/ ENGLISH – RUSSIAN GLOSSARY OF STATISTICAL TERMS

Based on *A Dictionary of Statistical Terms*
by M.G. Kendall and W.R. Buckland

Published for the International Statistical Institute by

OLIVER & BOYD

EDINBURGH

Oliver & Boyd
Tweeddale Court
14 High Street
Edinburgh EH1 1YL
A Division of Longman Group Limited

First published 1971
ISBN 0 05 002446 9

Printed in Great Britain by T. & A. Constable Ltd., Edinburgh

FOREWORD

I welcome the appearance of the *Russian–English/English–Russian Glossary of Statistical Terms.* This is a supplement to the revised and enlarged third edition of *A Dictionary of Statistical Terms* by M.G. Kendall and W.R. Buckland. The Glossary is a most appropriate addition to the bibliographic publications that have appeared under the auspices of the International Statistical Institute. The Institute and the statistics profession are greatly indebted to Professor Samuel Kotz for his work.

The outstanding contributions of Russian statisticians and mathematicians to probability and theoretical statistics have long been recognized. This Glossary appears at a time when international cooperation and exchange of new ideas covering the whole range of statistics is fortunately on the increase. Professor Kotz's work will give further stimulus to this healthy development.

William G. Cochran
President, I.S.I.

PREFACE

In presenting to the international statistical community this *Russian–English/ English–Russian Glossary of Statistical Terms*, based on the new edition of Kendall and Buckland's *Dictionary*, the following remarks seem in order.

This work was originally planned in the form of a sixth column to be added to the existing Combined Glossary of terms in English, French, German, Italian and Spanish which was printed in the second edition of Kendall and Buckland's *Dictionary* published by Oliver and Boyd in 1960.

However, since the five lingual columns were not present in the third edition and in view of the special nature of Russian terminology as well as the growing amount of literature in Russian devoted to various aspects of statistics and increased cooperation between Western and Soviet statisticians, it was decided that the Russian—English and English—Russian glossaries would merit a separate volume.

In compiling this Glossary, the author utilized other similar works existing in the literature, in particular, the *Russian—English Dictionary of Statistical Terms and Expressions*, (University of North Carolina Press, 1964) and the *English—Russian Dictionary of Mathematical Terms*, (Moscow, 1962) as well as original sources such as selected articles in Russian, books written by Soviet authors and books of Western statisticians translated into Russian.

Since some statistical terms in Russian have two or more equally acceptable equivalents I tried to incorporate various versions and in certain cases when the corresponding equivalent was, to the best of my knowledge, not available, I included a brief description of its meaning.

The work contains Russian equivalents of some 2500 terms included in the 1971 third edition of the Kendall and Buckland *Dictionary* and a somewhat larger number of Russian entries.

The author is indebted to Professor W. Hoeffding who kindly consented to read the first draft of the manuscript and contributed a number of helpful suggestions. Responsibility for errors and omissions rests, however, entirely with me.

My special thanks to Drs W.R. Buckland, E. Lunenberg and G.E. Nicholson for their encouragement and support of various aspects of this project.

I also wish to thank Mrs N. Mashin who typed and retyped the various drafts of the manuscript with skill and accuracy. Mr Vsevolod Kurbas devotedly participated in the initial stages of this project; regretfully he is not able to witness its successful conclusion.

It is my hope that this work will have a decided effect in strengthening international ties and cooperation within the world statistical community.

Philadelphia
March 1971   **Samuel Kotz**

CONTENTS

α-индекс (Парето) α-index (of Pareto)

α-ошибка α-error

Абсолютная девиация Absolute deviation

Абсолютная мера Absolute measure

Абсолютная ошибка Absolute error

Абсолютная погрешность Absolute error

Абсолютная частота Absolute frequency

Абсолютно несмещенная оценка Absolutely unbiased estimate

Абсолютное отклонение Absolute deviation

Абсолютные моменты Absolute moments

Автоковариационная производящая функция Autocovariance generating function

Автоковариационная функция Autocovariance function

Автоковариация Autocovariance

Автокорреляционная функция Autocorrelation function

Автокорреляция Autocorrelation

Автономные (структурные) уравнения Autonomous equations

Авторегрессивная модель Autoregressive model

Авторегрессивное преобразование Autoregressive transformation

Авторегрессивный Autoregressive

Авторегрессивный процесс Autoregressive process

Авторегрессивный ряд Autoregressive series

Авторегрессия Autoregression

Авто-спектр Auto-spectrum

Агрегация Aggregation

Аддитивная модель Additive model

Аддитивное свойство хи-квадрата Additive property of χ^2

Аддитивность средних Additivity of means

Аддитивный процесс Additive process; differential process

Аккумулированный процесс Accumulated process

Аксиомы Колмогорова Kolmogorov axioms

Алгорифм Algorithm

Алфавит Alphabet

Альтернативная гипотеза Alternative hypothesis

Альтернативная гипотеза сдвига Location shift alternative hypothesis

Альтернативы Лемана Lehmann alternatives

Альтернирующий процесс Alternating renewal process

Амплитуда Amplitude

Амплитудное отношение Amplitude ratio

Анализ близости Proximity analysis

Анализ компонент Component analysis

Анализ потока вариаций Variation flow analysis

Анализ Фурье Fourier analysis

Аналитическая регрессия Analytic regression

Аналитический тренд Analytic trend

Аналоговая вычислительная Analogue computer

Аномическая Anomic

Анормальная кривая Abnormal curve

Анормальность Abnormality

Ансамбль Ensemble

Антимода Antimode

Антисерии Antiseries

Антитетические (случайные) величины Antithetic variates

Антитетическое преобразование Antithetic transformation

Апостериорная вероятность Inverse probability

Аппроксимация Блума Blum approximation

Аппроксимация .Бэркхолдера Burkholder approximation

Арифметическое распределение Arithmetic distribution

Арифметическое среднее Arithmetic mean

Арксинус-распределение Arc-sine distribution

Асимметричная корреляция Skew correlation

Асимметричное распределение Assymmetric distribution; skew distribution

Асимметричный критерий Assymmetrical test

Асимметричный тест Assymmetrical test

Асимметричный факторный план Asymmetric factorial design

Асимметрия Asymmetry; dissymmetry

Асимптотическая Байесова процедура Asymptotic Bayes procedure

Асимптотическая нормальность Asymptotic normality

1

Асимптотическая относительная эффективность Asymptotic relative effectiveness

Асимптотическая стандартная оценка Asymptotic standard estimator

Асимптотическая стандартная ошибка Asymptotic standard error

Асимптотическая эффективность Asymptotic effectiveness

Асимптотически локально оптимальный план Asymptotically locally optimal design

Асимптотически наиболее мощный критерий Asymptotically most powerful test

Асимптотически несмещенная оценка Asymptotically unbiased estimator

Асимптотически оптимальный критерий Asymptotically optimal test

Асимптотически стационарный Asymptotically stationary

Асимптотически субминимальный Asymptotically subminimax

Асимптотическое распределение Asymptotic distribution

Ассоциация Association

Ассоциированный класс Associate class

Атрибут Attribute; homograde

Аффинность Affinity

Аффинитет Affinity

β ошибка β-error

База Base

Базис Base

Базисная линия Base line

Базисный период Base period; typical period

Базовый период Base period; reference period

Байесов доверительный предел Bayesian probability point

Байесов риск Bayes' risk

Байесов статистический вывод Bayesian inference

Байесова стратегия Bayes' strategy

Байесовское решение Bayes' solution

Безобидная игра Fair game; equitable game

Безразличие Indifference

Бесконечная совокупность Infinite population

Бета-коэффициент Beta-coefficient

Бета-распределение Beta-distribution

Бимодальное распределение Bimodal distribution

Бинарная последовательность Binary sequence

Биномиальная вариация Binomial variation

Биномиальная вероятностная бумага Binomial probability paper

Биномиальное распределение Binomial distribution; point binomial

Биномиальный индекс дисперсии Binomial index of dispersion

Биполярный фактор Bipolar factor

Бисериальная корреляция Biserial correlation

Бисериальная корреляция в случае когда одна из переменных дискретна и принимает два значения Point biserial correlation

Биспектр Bispectrum

Бит Bit

Блок Block

Бореля-Кантелли лемма Borel-Cantelli lemma

Браковочное число Rejection number

Бракующий уровень качества Rejectable quality level

Брауновский процесс Brownian motion process

Булево неравенство Boole's inequality

"Быстрый" критерий Тьюки Tukey's quick test

В закон Фишера Fisher's B distribution

Вариант Variant; treatment

Варианта Variate

Вариация Бернулли Bernoulli variation

Вариация Лексиса Lexis variation

Вариация Пуассона Poisson variation

Вариограмма Variogram

Варимакс Varimax

Варьирование вариантов ˙Treatment mean square

Варьирование внутри группы Batch variation

Ватсона "U" статистика Watson "U" statistic

Вековой тренд (уровень) Secular trend

Вероятная ошибка Probable error

Вероятность Probability

Вероятность перехода Transition probability

Вероятности первого и второго рода Type I and II probabilities

Вероятностная бумага Probability paper

Вероятностная масса
Probability mass
Вероятностная поверхность
Probability surface
Вероятностные пределы
Probability limits
Вероятностный выбор Probability sampling
Верхний квартиль Upper quartile
Верхний контрольный предел Upper control limit
Вес Weight
Веса факторов в модели факториального анализа Test coefficient
Весовая функция Weight function
Весовой коэффициент Weighting coefficient
Ветвящийся коэффициент процесс Branching Markov process
Ветвящийся процесс Branching process; multiplicative process
Ветвящийся процесс зависящий от возраста Age dependent branching process
Ветвящийся пуассоновский процесс Branching Poisson process
Взаимно-проникающие выборки Interpenetrating samples
Взвешенное среднее Weighted average
Взвешенный индекс Weighted index-number
Взвешенный план Weighing design
Взрывчатый процесс Explosive process
Винеровский процесс Wiener process

Винзоризованная оценка Winsorised estimate
Вложенная классификация Hierarchical classification
Вложенные гипотезы Nested hypothesis
Вложенный латинский квадрат Intercalate Latin square
Вложенный план Nested design
Вложенный процесс Imbedded process
Внесистемная случайная величина Exogenous variate
Внешняя (межгрупповая) дисперсия Interclass variance
Внутренний разброс Уилкса Wilks' internal scatter
Внутренняя корреляция Intercorrelation
Внутренняя регрессия Internal regression
Внутренняя точность Intrinsic accuracy
Внутрисистемная случайная величина Endogenous variate
Возврат Return; replacement
Возвратная цепь Маркова Reccurent Markov chain
Возвратное состояние Return state; recurrent state
Воздействие Effect; treatment
Возмущенное колебание Disturbed oscillation
Возмущенный гармонический процесс Disturbed harmonic process
Возрастающая опасность отказа Increasing hazard rate

Вопрос допускающий ограниченное число ответов Close-ended question
Вопросник Questionnaire
Воспроизводимость Reproducibility
Впадина Trough
Вполне разделенная модель Just identified model
Вращательный выбор Rotation sampling
Вращение Rotation
Временная задержка Time lag
Временной ряд Time series
Время возвращения Recurrence time
Время ожидания Spent waiting time; waiting time
Время первого достижения Hitting point
Время первого перехода First passage time
Время пребывания в системе Waiting time
Вторая предельная теорема Second limit theorem
Вторая теорема Хелли Helly-Bray theorem
Вторичная выборочная единица Secondary unit
Вторичный процесс Secondary process
Входной участок Entry-plot
Выбор Sampling; sampling for attributes
Выбор "выхватыванием" Chunk sampling
Выбор с возвращением Sampling with replacement
Выбор типа I Type I sampling
Выбор типа II Type II sampling
Выборка Sample
Выборка для будущих подвыборок Master sample

3

Выборка из кучи Bulk sample

Выборка из списка List-sample

Выборка по группам Quota sample

Выборка произведенная дважды Duplicated sample

Выборочная дисперсия Sampling variance

Выборочная доля Sampling fraction; sampling ratio

Выборочная единица Sampling unit

Выборочная единица первой стадии First stage unit

Выборочная инспекция Sampling inspection

Выборочная перепись Sample census

Выборочная статистика Sample statistic

Выборочная структура Sampling structure

Выборочная точка Sample point

Выборочное обследование Sample survey

Выборочное обследование совокупности диких животных Capture-release sampling

Выборочное отношение Sampling ratio

Выборочное приспособление в форме квадратной решетки Quadrat

Выборочное пространство Sample space

Выборочное распределение Sampling distribution

Выборочный интервал Sampling interval

Выборочный метод с равновероятностным отбросом EPSEM sampling

Выборочный момент Sampling moment; sample moment

Выборочный ценз Sample plan; sample design; survey design

Выборочный план с партиями переменного объема Variable lot-size plan

Выборочный ценз Sample census

Выброс Outlier; interjection

Выправленный индекс Rectified index-number

Выравнивание кривых Curve fitting

Вырожденное (детерминированное) распределение Causal distribution; deterministic distribution; degenerate distribution.

Гамма распределение Gamma distribution

Гармоническое среднее Harmonic mean

Гармонический анализ Harmonic analysis

Гармонческий диск Harmonic dial

Гауссово распределение Gauss distribution

Генеральная совокупность Universe

Геометрический размах Geometric range

Геометрическое распределение Geometric distribution

Геометрическое скользящее среднее Geometric moving average

Геометрическое среднее Geometric mean

Гетероклитический Heteroclitic

Гетероскедастический Heteroscedastic

Гетеротипический Heterotypic

Гетероэксцессный Heterokurtic

Гефдинга C_1 статистика Hoeffding C_1 statistic

Гипер-греко-латинский квадрат Hyper-Graeco-Latin square

Гиперболическое распределение Юля Yule's hyperbolic distribution

Гипергеометрическое распределение Hypergeometric dsitribution

Гиперкуб Hypercube

Гипернормальное рассеяние Hypernormal dispersion

Гипернормальность Hypernormality

Гиперпуассоновское распределение Hyper-Poisson distribution

Гиперэкспоненциональное распределение Hyperexponential distribution

Гипотеза Джини Gini's hypothesis

Гипотеза Стьюдента "Student's" hypothesis

Гипотетическая совокупность Hypothetical population

Гистограмма для нескольких признаков Multiple bar chart

Гистерезис с запаздыванием аргумента Lag regression

Гистограмма Bar chart

Гладкий критерий Smooth test

Гладкий регрессионный анализ Smooth regression analysis

Гливенко-Кантелли лемма Glivenko-Cantelli lemma

Глубокая стратификация Deep stratification

Глубокое расслоение Deep stratification

Гнездо Cluster

Гнездовая выборка Nested sampling

Гнездовой анализ Cluster analysis

Гнездовой выбор Cluster sampling

Гнездовой план Nested design

Гнездовой сбалансированный неполноблочный план Nested balanced incomplete block design

Гомоклитический Homoclitic

Гомоскедастичный Homoscedastic

Гомоэксцессный Homokurtic

Градиент плодородия Fertility gradient

Граница приемки Acceptance boundary

График временного ряда Historigram

График плотности распределения Frequency curve

График спектральной плотности Integrated spectrum

Графическое распределение временных рядов в форме трех линий Z-chart

Греко-латинский квадрат Graeco-Latin square

Грубый момент Raw moment

Группа Group

Группа взаимно проникающих выборок Network of samples

Группа нзделий Lot

Группа объектов последней стадии выборки Ultimate cluster

Группированное распределение Пуассона Grouped Poisson distribution

Группировка классов Pooling of classes

Группировка ошибок Pooling of errors

Группировочная решетка Grouping lattice

Групповой делимый неполный блочный план Group divisible incomplete block design

Групповой делимый план Group divisible design

Групповой делимый ротатабельный план Group divisible rotatable design

Групповой (общий) фактор Group factor

Групповые просеивающие методы Group screening methods

d- статистика Сукхатмэ Sukhatme d-statistic

Данные характеризующие зависимость реакции от дозы Sensitivity data

Данный период Given period

Дважды измеримая трансформация Bi-measurable transformation

Дважды стохастическая матрица Doubly stochastic matrix

Дважды стохастический Пуассоновский процесс Doubly stochastic Poisson process

Двоичный опыт Binary experiment

Двойная дихотомия Double dichotomy

Двойная кривая Парето Double Pareto curve

Двойная логарифмическая диаграмма Double logarithmic chart

Двойная экспоненциональная регрессия Double exponential regression

Двойное биномиальное распределение Double binomial distribution

Двойное гипергеометрическое распределение Double geometric distribution

Двойное переплетение Double confounding

Двойное показательное распределение Double exponential distribution

Двойное пуассоновское распределение Double Poisson distribution

Двойной выбор Double sampling

Двойной обратимый план Double reversal design

Двойственный процесс Dual process

Двузначная переменная "Marker" variable

Двумерное биномиальное распределение Bivariate binomial distribution

Двумерное логарифмитичное распределение Bivariate logarithmic distribution

Двумерное мультиномиальное распределение Bivariate multinomial distribution

Двумерное нормальное распределение Bivariate normal distribution

5

Двумерное отрицательное биномиальное распределение Bivariate negative binomial distribution

Двумерное распределение Bivariate distribution

Двумерное распределение двух дискретных величин Point bivariate distribution

Двумерное распределение Парето Bivariate Pareto distribution

Двумерное распределение Паскаля Bivariate Pascal distribution

Двумерный критерий знаков Bivariate sign test

Двумерный критерий знаков Ходжса Hodges bivariate sign test

Двусторонняя классификация Two-way classification

Двусторонне ограниченный тест Double tailed test

Двусторонне экспоненциальное распределение Bilateral exponential

Двусторонний критерий Two-sided test

Двуступенчатая выборка Two-stage sample

Двуступенчатый выбор Double sampling

Двуфакторная теорема Спирмана Spearman two-factor theorem

Двуфакторная теория Спирмана в факториальном анализе two-factor theory

Двухвыборочная процедура Стейна Stein's two-sample procedure

Двухфазная выборка Two-phase sampling

Девиация Deviate

Действие Action

Действие аддитивных и независимых факторов Similar action

Демодуляция Demodulation

Детерминистическая модель Deterministic model

Детерминистический процесс Deterministic process

Дефективная выборка Defective sample

Дефективная единица Defective unit

Дециль Decile

Джини δ - индекс δ-index (of Gini)

Дзета распределение Zeta distribution

Диагональная регрессия Diagonal regression

Диаграмма Венна Venn diagram

Диаграмма максимальных и минимальных значений High-low graph

Диаграмма сравнения временных рядов Strata chart

Динамическая модель Dynamic model

Динамический стохастический процесс Dynamic stochastic progres progress

Динамическое программирование Dynamic programming

Дисконтированный метод наименьших квадратов Discounted least-squares method

Дискретная случайная величина Discrete variate

Дискретное логнормальное распределение Discrete lognormal distribution

Дискретное нормальное распределение Discrete normal distribution

Дискретное равномерное распределение Discrete rectangular distribution

Дискретное распределение Discrete distribution

Дискретное распределение Парето Discrete Pareto distribution

Дискретное распределение Пирсона III-его типа Discrete Type III distribution

Дискретное степенное распределение Discrete power series distribution

Дискретный закон распределения Discrete distribution law

Дискретный процесс Discrete process

Дисперсионная матрица Dispersion matrix; covariance matrix

Дисперсионная функция Variance function

Дисперсионный анализ Variance analysis; analysis of variance

Дисперсия Dispersion; variance

Дисперсия внутри групп Within group variance

Дисперсия внутри классов Internal variance; intra-class variance

Дисперсия компоненты ошибки Error variance

Дисперсия между классами Interclass variance

Дисперсия ошибки Error variance

Диссонанс   Discordance
Диссонирующая выборка   Discordant sample
Дисциплина обслуживания с абсолютными приоритетами   Pre-emptive discipline
Диффузионный процесс   Diffusion process
Дихотомическая таблица   Two-by-two (frequency) table
Дихотомия   Dichotomy
Доверительная область   Confidence region
Доверительные кривые   Confidence curves
Доверительные пределы   Confidence limits
Доверительный интервал   Confidence interval
Доверительный коэффициент   Confidence coefficient
Доверительный пояс   Confidence belt
Доверительный уровень   Confidence level
Доля дефективных изделий   Fraction defective
Дополнительная информация   Supplementary information
Допускающий оценку   Estimable
Допустимая гипотеза   Admissible hypothesis
Допустимая доля дефективных изделий   Acceptable quality level
Допустимая решающая функция   Admissible decision function
Допустимая стратегия   Admissible strategy
Допустимое число дефективных изделий   Allowable defects
Допустимые числа   Admissible numbers

Допустимый тест   Admissible test
Допустимый уровень надежности   Acceptable reliability level
Достаточность   Sufficiency
Дробовой шум   Shot noise
Дуальный процесс   Dual process
Дубликат выборки   Duplicate sample
Дублирующая выборка   Duplicate sample

Единственность   Uniqueness
Единственный, хорошо определенный фактор   Unique factor

Желание обследуемого при ответах "пойти навстречу" обследователю   "Sympathy" effect

---

Z-критерий   Z-test
Z-распределение   Z-distribution
Z-тест   Z-test
Z-трансформация Фишера   Z-transformation
Зависимая переменная   Dependent variable
Зависимое переменное в уравнении регрессии   Regressant
Зависимость   Dependence
Зависимость отношения правдоподобия   Likelihood ratio dependence
"Загрязненное" распределение   Contaminated distribution
Задачи m рангов   Problems of m-ranking
Задачи массового обслуживания   Congestion problems; queueing problems

Закон больших чисел   Law of large numbers
Закон малых чисел   Law of small numbers
Закон повторного логарифма   Law of iterated logarithm
Закон распределения крайних членов   Extreme value distribution
Закон следований Лапласа   Laplace law of succession
Закон Фишера   Fisher's B distribution
Закон Ципфа   Zipf's law
Замена   Substitution
Замененное отношение F   Substitute F-ratio
Замененное отношение t   Substitute t-ratio
Замер   Sample; measurement
Занижение   Downward bias
Запаздывание   Lag
Запаздывание во времени   Time lag
Затухание   Attenuation
Затухающее колебание   Damped oscillation
Значение параметра   Parameter point
Значение переменной величины дающее максимум по умножению на частоту   Valore poziore (Italian)
Зона безразличия   Zone of indifference
Зона приемки окончательного решения   Zone of preference
Зональный выбор   Zonal sampling
Зональный многочлен   Zonal polynomial

Игра с нулевой суммой   Zero sum game

Идеальный индекс Ideal
index-number

Идентифицируемость Identifiability

Иерархический групповой
делимый план Hierarch-
ical group divisible design

Иерархический процесс
размножения и гибели
Hierarchical birth-and-
death process

Иерархия Hierarchy

Изменение корреляции
вследствие погрешностей
Attenuation

Изменчивость Mutability;
variability

Изометрическая диаграмма
Isometric chart

Изоморфизм Isomorphism

Изотропия Isotropy

Изоэксцесс Isokurtosis

Иллюзорная корреляция
Illusory correlation

Иллюзорная связь Illusory
association

Имитирующая модель
(динамической системы)
Simulation model

Инвариантность Invariance

Инверсия Inversion

Инверсное
гипергеометрическое
распределение Inverse
hypergeometric distribution

Инверсное распределение
Inverse distribution

Инверсное распределение
Полиа Inverse Polya dis-
tribution

Инверсный полином Inverse
polynomial

Индекс Index-number

Индекс анормальности
Index of abnormality

Индекс безразличного
уровня Indifference-level
index-number

Индекс Боули Bowley index

Индекс Дивисия Divisia's
index

Индекс Дивисия–Роя
Divisia–Roy index

Индекс дисперсии Disper-
sion index

Индекс Карли Carli's index

Индекс коградуирования
Джини Gini's index
of cograduation

Индекс компенсации цен
Price-compensation index

Индекс концентрации
(рассеяния) Джини Index
of concentration

Индекс Конюса Konyus
index-number; preference-
field index-number

Индекс корреляции Correlation index

Индекс Ласпейрса (Ласпера)
Laspeyres' index

Индекс Ласпейрса–Конюса
Laspeyres'–Konyus index

Индекс Линкольна Lincoln
index

Индекс Лова Lowe index

Индекс Маршалла–Эджворта–
Боули Marshall–
Edgeworth–Bowley index

Индекс неподобности Index
of dissimilarity

Индекс осцилляции Index of
homophily (omofilia)

Индекс осциляции Index of
oscillation

Индекс отклика Index of
responce

Индекс Пааше Paasche index

Индекс Пааше–Конюса
Paasche–Konyus index

Индекс Палгрэва
Palgrave's index

Индекс Парето Pareto index

Индекс подобия Similarity
index

Индекс полученный из
данного индекса путем
противоположения
(взаимной перестановки)
времен Time antithesis

Индекс притяжения Index
of attraction

Индекс рассеяния Index of
dispersion

Индекс реверсии между
двумя сериямн Index of
reversion

Индекс с постоянным
базовым периодом Fixed
base index

Индекс связи Index of connection

Индекс "сходства" Resem-
blance index

Индекс цен Price index;
value index

Индекс цен потребителя
Consumer price index

Индекс "эволюции" ряда
Index of evolution

Индекс Эджворта
Edgeworth index

Индекс эффективности
Efficiency index

Индуктивное поведение
Inductive behaviour

Инспекционная (проверочная)
диаграмма Inspection
diagram

Инспекция по
количественному признаку
Variables inspection

Инспекция при помощи
атрибутов Inspection by
attribute

Интеграл вероятности
Probability integral

Интенсивность Intensity

Интенсивность потока
Traffic intensity

Интенсивность смертности
Force of mortality
Интенсивность
трансвариации Intensity
of transvariations
Интеракция Interaction
Интервал между
доверительными границами
Error band
Интервал Найквиста
Nyquist interval
Интервал предсказания
Prediction interval
Интервальная оценка Inter-
val estimation
Интерквартильная широта
Interquartile range
Интерквартильное изменение
(отклонение) Quartile
variation
Интерквартильный размах
Interquartile range
Информация Information
Исправленный момент
Corrected moment
Исправленный пробит
Corrected probit
Испытание Trial
Испытание при котором
каждый объект
подвергается одному и
тому же воздействию
Uniformity trial
Испытания Бернулли
Bernoulli trials
Исследование Inquiry
Истинное среднее значение
True mean
Исчерпывающая выборка
Exhaustive sampling
Итерационный процесс
Стифана Stephan's
iterative process
Иэйтса корректировка
Yate's correction

Канонические случайные
величины Canonical
variates
Карта контролирующая
размах Range chart
Карта контроля качества
Quality control chart
Карта накопленных сумм
Cumulative sum chart
Карта процесса Гантта
Gantt progress chart
Карта уровней Level map
Картограмма Cartogram
Каскадный процесс Cascade
process
Категории латинских
квадратов Species of
Latin squares
Категорическое
распределение Categori-
cal distribution
Категория Category
Качественное свойство
Attribute
Качественные данные
Qualitative data
Квадрантная зависимость
Quadrant dependence
Квадрат Кнута–Вика Knut–
Vik square
Квадрат смешанной
корреляции Coefficient
of determination
Квадратичная оценка Quad-
ratic estimator
Квадратичная форма Quad-
ratic form
Квадратичное
программирование Quad-
ratic programming
Квадратичное среднее
Quadratic mean
Квадратичный отклик
Quadratic response
Квадратная решетка Square
lattice
Квадратурный
(ковариационный) спектр
Quadrature spectrum

Квадраты Рума Room's
squares
Квази–компактное гнездо
Quasi-compact cluster
Квази-латинский квадрат
Quasi-Latin square
Квази-размах Semi-range
Квази-случайных выбор
Quasi-random sampling
Квази-факториальный план
Quasi-factorial plan
Квантили Quantiles;
fractiles
Квантили бета-распределения
Inverted beta-distribution
Квартиль Quartile
Квартильная мера
скошенности Quartile
measure of skewness
Класс Class
Классификация по
нескольким признакам
Manifold classification
Классификация по одному
признаку One-way
classification
Классифицирующая
статистика Classifi-
cation statistic
Клиновые планы Wedge
plans
Ковариационная матрица
Covariance matrix;
variance-covariance matrix
Ковариационно-стационарный
процесс Covariance
stationary process
Ковариационный анализ
Analysis of covariance;
covariance analysis
Ковариация Covariance;
covariation
Ковариация с
запаздыванием аргумента
Lag covariance
Когерентность Coherency

Коградуирование Cogradu-
ation
Количественная переменная
величина Heterograde
Количественные данные
Quantitative data
Количественный индекс
Quantum index number
Количественный отклик
Quantitative response
Количественный признак
Heterograde
Количество информации
Amount of information
Коллектив Kollectiv
Колоколообразная кривая
Bell-shaped curve
Комбинаторное степенное
среднее Combinational
power mean
Комбинаторный критерий
Combinational test
Комбинация тестов Com-
bination of tests
Компактное гнездо
выборочных единиц
Patch
Комплексное гауссово
распределение Complex
Gaussian distribution
Комплексное распределение
Уишарта Complex Wishart
distribution
Компонента взаимодействия
Component of interaction
Компонента дисперсии
Component of variance;
variance component
Конволюция Convolution
Конечная совокупность
Finite population
Конечная цепь Маркова
Finite Markov chain
Конечный закон арксинкса
Finite arc-sine distribution
Консервативный
доверительный уровень

Conservative confidence
interval
Консервативный процесс
Conservative process
Контраградуирование
Contragraduation
Контрасты Contrasts
Контролируемый процесс
Controlled process
Контроль Control
Контроль качества Quality
control
Контрольная диаграмма
Control chart
Контрольная карта Шухарта
Shewhart control chart
Контрольные пределы
Control limits
Конфигурация Configuration
Конфлюэнтная связь
Confluent relation
Конфлюэнтный анализ
Confluent analysis; bunch-
map analysis
Концентрация Concentration
Координатограф Coordinato-
graph
Корректировка Дандекара
Dandekar's correction
Коррелограмма Correlogram
Корреляционная матрица
Correlation matrix
Корреляционная поверхность
Correlation surface
Корреляционная таблица
Correlation table
Корреляционное отношение
Correlation ratio
Корреляция Correlation
Корреляция между классами
Interclass correlation
Корреляция между
накопленными суммами
частот в двумерном
распределении Grade
correlation

Корреляция с запаздыванием
аргумента Lag correla-
tion
Косвенный выбор Indirect
sampling
Косвенный метод
наименьших квадратов
Indirect least squares
(method)
Ко-спектр Cospectrum
Коэффициент Coefficient
factor
Коэффициент авто-
корреляции Autocorre-
lation coefficient
Коэффициент ассоциации
Coefficient of association
Коэффициент вариации
Coefficient of variation
Коэффициент возмущения
Disturbancy coefficient
Коэффициент детерминации
Coefficient of determination
Коэффициент
индивидуальности
Coefficient of individuality
Коэффициент
интерквартильной
вариации Coefficient
of quartile variation
Коэффициент корреляции
Coefficient of correlation
Коэффициент корреляции
Бравеса
Bravias correlation
coefficient
Коэффициент корреляции
Пирсона Pearson
coefficient of correlation
Коэффициент множественной-
частной корреляции
Coefficient of multiple-
partial correlation
Коэффициент надежности
Reliability coefficient
Коэффициент
недетерминированности
Coefficient of non-
determination

Коэффициент неравенства
Inequality coefficient
Коэффициент перестановки
Coefficient of disarray
Коэффициент полной
детерминации Coefficient
of total determination
Коэффициент плодородия
Fertility rate
Коэффициент ранговый
Спирмана Spearman's
footrule
Коэффициент рассеяния
Coefficient of concentration
Коэффициент расхождения
Coefficient of divergence
Коэффициент регрессии
Regression coefficient
Коэффициент рождаемости
Birth rate
Коэффициент связи
Coherency
Коэффициент смертности
Death rate; force of
mortality
Коэффициент согласия
Coefficient of concordance
Коэффициент
согласовывания Matching
coefficient
Коэффициент сопряженности
Coefficient of contingency
Коэффициент
состоятельности
Coefficient of consistence
Коэффициент сравнимости
времен Time compara-
bility factor
Коэффициент τ (тау)
Кенделла Kendall's tau
(τ) coefficient
Коэффициент чужеродности
Coefficient of alienation
Коэффициент эксцесса
Coefficient of excess
Коэффициент эффективности
Effieiency factor

Коэффициенты гамма
Gamma coefficients
Крайнее стьюдентизированное
отклонение Extreme
studentized deviate
Кратковременная
флюктуация Short-term
fluctuation
Кратный случайный старт
Multiple random start
Кратчайшие доверительные
интервалы Shortest con-
fidence intervals
Кратчайшие в смысле
Неймана доверительные
интервалы Neyman-
shortest unbiased confi-
dence intervals
Крепкость Robustness
Кривая Curve
Кривая гибкости Curve of
flexibility
Кривая Гомперца Gompertz
curve
Кривая квантилей Gradu-
ation curve
Кривая Лоренца Lorenz
curve
Кривая Пирсона Pearson
curve
Кривая плотности
распределения с
нейтральной
анормальностью Neutral
curve
Кривая постоянного
выявления Curve of
equidetectability
Кривая распределения
Distribution curve
Кривая рассеяния Curve of
concentration
Кривая регрессии
Regression curve
Кривая роста Growth curve
Gompertz curve

Кривая среднего объема
инспекции Average
sample number curve
Кривая средней плотности
распределения Curve of
mean density
Криволинейная корреляция
Curvilinear correlation
Криволинейная регрессия
Curvilinear regression
Криволинейный тренд
Curvilinear trend
Криптодетерминированный
процесс Crypto-determin-
istic process
Критерий Test; criterion
Критерий Бартлетта
Bartlett's test
Критерий Бартлетта для
взаимодействий второго
порядка Bartlett's test of
second-order interaction
Критерий Бартлетта и
Диананда Bartlett's and
Diananda test
Критерий Беренса–Фишера
Behrens-Fisher test
Критерий Блэкмана
Blakeman's criterion
Критерий Вальда–Вольфовица
Wald—Wolfowitz test
Критерий Ван дер Вардена
Van der Waerden's test
Критерий Вилкоксона
Wilcoxon's test
Критерий Габриэля
Gabriel's test
Критерий Грама Gram's
criterion
Критерий Гельмерта
Helmert criterion
Критерий дисперсионного
отношения Variance-ratio
test
Критерий Дункана Duncan's
test
Критерий знаков Sign test

Критерий знаков (первых) разностей Difference sign test

Критерий значимости Барнарда для дихотомных наблюдений C.M.S. test

Критерий Карлемана Carleman's criterion

Критерий Кокрана Cochran's criterion

Критерий Колмогорова-Смирнова Kolmogorov-Smirnov test

Критерий коллинеарности Бартлетта Bartlett's collinearity test

Критерий Крамéра-Мизеса Cramér—von Mises test

Критерий Кенуя Quenouille's test

Критерий Лемана Lehmann's test

Критерий МакНемара McNemar's test

Критерий Манн-Уитнэй Mann—Whitney test

Критерий Мозеса Moses test

Критерий Муда-Брауна основанный на медиане Mood—Brown median test

Критерий на основании рекордов Records test

Критерий нормальности Test of normality

Критерий нормальных очков Normal scores test

Критерий Ньюмана-Кэлса Newman—Keuls test

Критерий обратимости Reversal test

Критерий основанный на медиане Median test

Критерий отношения вероятностей Probability ratio test

Критерий отношения правдоподобия Likelihood ratio test

Критерий перестановок Permutation test

Критерий превышения времени безотказной работы Exceedance life test

Критерий пробелов Тьюки Tukey's gap test

Критерий пустых ячеек (групп) Empty-cell test

Критерий Пирсона Pearson criterion

Критерий Смирнова Smirnov test

Критерий Тэрри Terry's test

Критерий Уилкса Wilks' criterion

Критерий Уилкса-Розенбаума Wilk's—Rosenbaum test

Критерий устойчивости Stability test

Критерий Фишера-Йейтса Fisher—Yates test

Критерий Фридмана Friedman's test

Критерий Шапиро-Уилка Shapiro—Wilk test

Критерий Шеффе Scheffé's test

Критерий экстремальных ранговых сумм Extreme rank sum test

Критерий t t-test

Критерий T T-test

Критическая граница (в последовательном анализе) Rejection line

Критическая область Critical region

Критическое значение Critical value

Критическое частное (Гумбеля) Critical quotient

Круговая диаграмма Circular chart

Круговая формула Circular formula

Круговое распределение Circular distribution

Круговой сериальный коэффициент корреляции Circular serial correlation coefficient

Круговой тест Circular test

Круговые триады Circular triads

Кубическая решетка Cubic lattice

Кубический план с тремя ассоциированными классами Cubic design with three associate classes

Кубообразный решетчатый план Cubic lattice design

Кумулянта Cumulant

Кумулянтная производящая функция; производящая функция семиинвариантов Cumulant generating function

Кумулятивная функция распределения Cumulative distribution (probability) function

Кумулятивная кривая распределения Cumulative frequency (probability) curve

Кумулятивная ошибка Cumulative error

Кумулятивная функция частоты Cumulative frequency (probability) function

Кумулятивное нормальное распределение Cumulative normal distribution

Кумулятивный процесс Cumulative process

L-критерий **L-test**.
Лаг **Lag**
Латинский квадрат **Latin square**
Латинский куб **Latin cube**
Латинский прямоугольник **Latin rectangle**
Ленточная диаграмма **Band chart**
Лестничный план **Staircase design**
Линейная гипотеза **Linear hypothesis**
Линейная достаточность **Linear sufficiency**
Линейная классифицирующая функция **Linear discriminant function**
Линейная комбинация критериев с различными весами **Weighted battery**
Линейная корреляция **Linear correlation**
Линейная модель **Linear model**
Линейная несмещенная оценка с минимальной дисперсией **Minimum variance linear unbiassed estimator**
Линейная регрессия **Linear regression**
Линейная систематическая статистика **Linear systematic statistic**
Линейно (аппроксимативный) метод максимального правдоподобия **Linear maximum likelihood method**
Линейное ограничение **Linear constraint**
Линейное программирование **Linear programming**
Линейный процесс **Linear process**
Линейный тренд **Linear trend; rectilinear trend**

Линия постоянного распределения **Line of equidistribution**
Линия постоянной вероятности **Line of equal distribution**
Логарифмическая диаграмма **Logarithmic chart**
Логарифмическая трансформация **Logarithmic transformation**
Логарифмически выпуклые толерантные пределы **Log convex tolerance limits**
Логарифмически-нормальное распределение **Logarithmic normal distribution**
Логарифмически χ^2-распределение **Log-chi-squared distribution**
Логарифмические шансы **Lods**
Логарифмическое распределение **Logarithmic distribution**
Логистическая кривая **Logistic curve**
Логистический процесс **Logistic process**
Логистическое распределение **Logistic distribution**
Логит **Logit**
Логнормальное распределение **Lognormal distribution; Galton—McAllister distribution**
Ложная корреляция **Spurious correlation**
Локальная асимптотическая эффективность **Local asymptotic efficiency**
Локальная статистика **Local statistic**
Локально асимптотически наиболее мощный критерий **Locally asymptotically most powerful test**

Локально асимптотически наиболее строгий критерий **Locally asymptotically most stringent test; "optimal asymptotic test"**
Локально наиболее мощный ранговый критерий **Locally most powerful rank order test**
Локальный минимум **Local minimum; trough**
Лотерейная выборка **Lottery sampling; ticket sampling**
Лэнкастера разбиение хи-квадрат **Lancaster's partition of chi-square**
Λ-критерий **Λ-criterion**
Лямбдаграмма **Lambdagram**

---

m-ная величина в упорядоченной выборке **m-th value**
Макоули формула **Macaulay's formula**
Маргинальная классификация **Marginal classification**
Марковский процесс **Markov process**
Марковский процесс восстановления **Markov renewal process**
Марковский процесс интервалов **Wold's Markov process of intervals**
Мартингал **Martingale**
Маршрутный выбор (вид систематического выбора, употребляемый в сельскохозяйственных исследованиях) **Route sampling**
(Математическое) ожидание **Expectation**
Матрица информации **Information matrix**

Матрица инцидентности плана Incidence matrix of design

Матрица ковариаций Co-variance matrix; variance-covariance matrix

Матрица моментов Moment-matrix

Матрица планирования Design matrix

Матрица потерь Loss matrix

Матрица факторных коэффициентов Factor matrix

Матричный выбор Matrix sampling

Мгновенная доля смертности Instantaneous death rate

Медиана Median

Медианная (серединная) F-статистика Median F-statistic

Между блоками Interblock

Междублочная подгруппа Interblock sub-group

Междублочный Interblock

Междугрупповая дисперсия Between-group variance

Междудецильный размах Interdecile range

Мера асимметрии (скошенности) Пирсона Pearson measure of skew-ness

Мера изменчивости Varia-bility

Мера разности между двумя сериями наблюдений, предложенная Финни Mean probit difference

Мера расположения Measure of location

Мера уверенности Degree of belief

Месячное среднее Monthly average

Метка Score

Метод Mode

Метод анализа временных рядов для определения случайной компоненты Variate-difference method

Метод анализа исходов, могущих иметь лишь конечное число значений, предложенный Мюллером Right-and-wrong cases method

Метод анализа плохо записанных данных Ridit analysis

Метод Беренса Behrens' method

Метод Брандта-Снедекора Brandt—Snedecor method

Метод "вверх и вниз" Staircase method; up-and-down method; Bruceton method

Метод Винера-Хопфа Wiener—Hopf technique

Метод Гаусса-Сиделя Gauss—Seidel method

Метод Драгстедта-Беренса Dragstedt—Behrens method

Метод Дулиттла Doolittle technique

Метод коллективных "отметок" Method of collective marks

Метод крутого восхождения Method of steepest assent

Метод Кэрбера для оценки 50%-эффективной дозы Kaerber's method

Метод максимального правдоподобия Maximum-likelihood method

Метод минимума логита хи-квадрата Minimum logit chi-squared

Метод минимума Хи-квадрата Minimum chi-squared method

Метод моментов Method of moments

Метод Монте-Карло Monte—Carlo method

Метод Мюнча-Рида Reed—Muench method

Метод наименьших квадратов Least-squares method

Метод "от руки", эмпирический метод Freehand method

Метод оценки надежности критерия употребляемый обычно в психологии Split-half method; split-test method

Метод оценки параметров, употребляемый в эконометрике Reduced-form method

Метод перекрывающихся карт Method of overlapping maps

Метод Петера (связывающий штандарт распределения с его средним отклонением) Peter's method

Метод пиктограмм Isotype method

Метод подвижного наблюдателя Moving-observer technique

Метод полной информации Full information method

Метод "полу-средних" (для скорой оценки линейной регрессии) Method of semi-averages

Метод построения кривой по выбранным точкам Method of selected points

Метод проверки беспристрастности выборки Validation

Метод прогноза Брауна
Brown's method

Метод равновероятностного
отбора Equal probability
of selection method

Метод свободный от
распределений Distribu-
tion-free method

Метод сглаживания
временных рядов
предложенный Ханнингом
Hanning

Метод систематического
нахождения всех
элементарных регрессий
в уравнении регрессий
Tilling

"Метод складного ножа"
Jack-knife

Метод скользящих средних
Moving-average method

Метод Спирмана–Кэрбера для
оценки эквивалентных
доз стимулов,
порождающих исходы с
двумя возможными
значениями Spearman—
Kaerber method

Метод среднего
критического значения
Average critical value
method

Метод стохастических
приближений Stochastic
approximation procedure

Метод стягивающихся слоев
Collapsed stratum method

Метод суммирования Харди
Hardy summation method

Метод "траекторных"
коэффициентов
(связывающий матрицу
нулевых корреляций
переменных с различными
функциональными связями
между ними) Method of
path coefficients

Метод улучшения
стохастического
приближения Accelerated
stochastic approximation

Метод упорядочивания
совпавших рангов Mid-
rank method

Метод Фелледжи Fellegi's
method

Метод Харрисона (метод
прогноза) Harrison's
method

Метод Холта (метод
прогноза) Holt's method

Метод экспериментирования,
при котором добавляются
вспомогательные
обработки путем разделе-
ния выборочных элементов
Split-plot method

Методы классификации Dis-
criminatory analysis

Методы оценки параметров
употребляемые в
эконометрике Limited
information methods

Мешающие параметры
Nuisance parameters

Минимаксная оценка Mini-
max estimation

Минимаксная стратегия
Minimax strategy

Минимальная достаточная
статистика Minimal
sufficient statistic

Многовершинное
распределение Multi-
modal distribution

Многовременная
динамическая модель
Multi-temporal model

Многозначное решение
Multi-valued decision

Многократная классификация
Multiple classification

Многократные сравнения
Multiple comparisons

Многократный критерий
размаха Multiple range
test

Многократный метод
сглаживания Multiple
smoothing method

Многомерное биномиальное
распределение Multi-
variate binomial distribution

Многомерное
гипергеометрическое
распределение Factorial
multinomial distribution;
multivariate hypergeometric
distribution

Многомерное мультиномиальное
распределение Multi-
variate multinomial distribution

Многомерное нормальное
распределение Multi-
variate normal distribution

Многомерное обратное
гипергеометрическое
распределение Multi-
variate inverse hypergeo-
metric distribution; negative
factorial multinomial distribution

Многомерное отрицательное
биномиальное
распределение Multi-
variate negative binomial
distribution

Многомерное отрицательное
гипергеометрическое
распределение Multi-
variate negative hypergeometric distribution

Многомерное Пуассоновское
распределение Multi-
variate Poisson distribution

Многомерное распределение
Multivariate distribution

Многомерное распределение бета Multivariate beta distribution

Многомерное распределение Бурра Multivariate Burr's distribution

Многомерное распределение Парето Multivariate Pareto distribution

Многомерное распределение Паскаля Multivariate Pascal distribution

Многомерное распределение Полия (Пойа) Multivariate Polya distribution

Многомерное степенное распределение Multivariate power series distribution

Многомерное F распределение Multivariate F distribution

Многомерное экспоненциальное распределение Multivariate exponential distribution

Многомерные неравенства Чебышева Multivariate Tchebychev inequalities

Многомерный анализ Multivariate analysis

Многомерный дисперсионный анализ Analysis of dispersion

Многомерный контроль качества Multivariate quality control

Многомерный момент Multivariate moment

Многомерный ранговый критерий знаков Multivariate signed rank test

Многопеременные процессы с несколькими случайными переменными Multivariate processes

Многоступенный выбор Multiple sampling

Многоступенчатый выбор Multi-stage sampling

Многоступенчатый непрерывный выборочный контроль Multi-level continuous sampling plans

Многофазовый выбор Multi-phase sampling

Многофакторное расслоение Multiple stratification

Многочлен Бернулли Bernoulli polynomial

Многочлены Лагерра Laguerre polynomials

Многочлены Шарлье Charlier polynomials

Множественная нелинейная корреляция Multiple curvilinear correlation

Множественная регрессия Multiple regression

Множественная (многофакторная) стратификация Multiple stratification

Множественно-частный коэффициент корреляции Coefficient of part-correlation

Множественное Пуассоновское распределение Multiple Poisson distribution

Множественный марковский процесс Multiple Markov process

Множественный пуассоновский процесс Multiple Poisson process

Множественный фазовый процесс (обобщение простого процесса рождаемости) Multiple phase process

Множественный факторный анализ Multiple factor analysis

Множество реализаций стохастического процесса Ensemble

Множество элементарных исходов (событий) Reference set

Мода Mode

Модальность Modality

Моделирующее устройство Simulator

Модель Model

Модель Бэйтса-Неймана Bates—Neyman model

Модель Бокса–Дженкинса Box—Jenkins model

Модель (дисперсионного анализа) второго рода Model II (or second kind)

Модель Неймана (в планировании экспериментов) Neyman model

Модель (дисперсионного анализа) первого рода Model I (or first kind)

Модель, представленная посредством системы уравнений Multi-equational model

Модель (дисперсионного анализа) с постоянными эффектами Fixed effect (constant) model

Модель со случайными эффектами Random effects model

Модель счетчика типа I Counter model type I

Модель счетчика типа II Counter model type II

Монель трех компонент Бока Bocks' three-component model

Модель Фишера Fisher model

Модель Эренфестов (Эренфеста) Ehrenfest model

Модели Эйзенхарта
Eisenhart models

Модификация Дурбина (для улучшения мощности теста) Durbin's modification

Модифицированная экспоненциальная кривая Modified exponential curve

Модифицированное биномиальное распределение Modified binomial distribution

Модифицированное отношение фон Неймана Modified von Neumann ratio

Модифицированное среднее Modified mean

Модифицированные латинские квадраты Modified Latin squares

Модифицированные средне-квадратические последовательные разности Modified mean square successive difference

Модуль точности Modulus of precision

Момент Moment; moment coefficient

Момент без поправок Crude moment; unadjusted moment

Монотонная структура Monotonic structure

Монотонное отношение правдоподобия Monotone likelihood ratio

Мощность Power

Мощность критерия Strength of a test

Мощность (степень) сглаженности ряда Smoothing power

Мощность уменьшения ошибки (при выравнивании временных рядов) Error reducing power

Мульти-биномиальный критерий Multi-binomial test

Мультиколлинеарность Multicollinearity

Мультилинейный процесс Multi-linear process

Мультиномиальное распределение Multi-modal distribution

Набор тестов Battery of tests

Надежность Reliability

Наиболее избирательные доверительные интервалы Most selective confidence intervals

Наиболее мощная критическая область Most powerful critical region

Наиболее мощный критерий Most powerful test

Наиболее мощный ранговый критерий Most powerful rank test

Наиболее строгий критерий Most stringent test

Наивная оценка Naive estimator

Наименьшая дисперсия Minimum variance

Накопленное отклонение Accumulated deviation

Наложенная вариация Superposed variation

Наименее благоприятное распределение Least favourable distribution

Наименее значимый разностный критерий Least significant difference test

Начальная необработанная оценка Raw score

Насыщенная модель Saturated model

Насыщение Saturation

Невполне случайная выборка Judgement sample

Невзвешенное среднее Unweighted mean

Невозрастающая опасность отказа Decreasing hazard rate

Независимая переменная Independent variable; predicted variable

Независимое действие Independent action

Независимость Independence

Независимые испытания Independent trials

Некруговая статистика Noncircular statistic

Нелинейная корреляция Non-linear correlation

Нелинейная регрессия Non-linear regression; skew regression

Ненадежность Unreliability

Ненулевая гипотеза Non-null hypothesis

Неограниченная случайная величина Unrestricted random sample

Неодинаковые подклассы Unequal subclasses

Непараметрические толерантные пределы Non-parametric tolerance limits

Непараметрический Non-parametric

Неполная Бета функция Incomplete Beta function

Неполная Гамма функция Incomplete Gamma function

Неполная перепись Incomplete census

Неполная рандомизация Restricted randomisation

Неполное обоследование
Incomplete census

Неполное распределение
вероятностей Defective
probability distribution

Неполный блок Incomplete
block

Неполный латинский квадрат
Incomplete Latin square

Неполный многооткликовый
план Incomplete multi-
response design

Неполный момент Incomplete
moment

Неполучение данных Non-
response

Непосредственно
наблюдаемые переменные
Observable variables

Непредставительный выброс
Maverick

Непрерывная генеральная
совокупность Continuous
population

Непрерывное распределение
вероятностей Continuous
probability law

Непрерывность Continuity

Непрерывный выборочный
план Доджа Dodge con-
tinuous sampling plan

Непрерывный во времени
процесс Temporary con-
tinuous process

Непрерывный закон
распределения Contin-
uous probability law

Непрерывный процесс
Continuous process

Неприведенные планы
Unreduced designs

Неприводимая цепь Маркова
Irreducible Markov chain

Непропорциональные
численности в
подклассах Dispro-
portionate sub-class
numbers

Неравенство Берже Berge's
inequality

Неравенство Бирнбаума–
Реймонда–Зукермана
Birnbaum—Raymond—
Zuckerman inequality

Неравенство Була Boole's
inequality

Неравенство Гаусса–
Винклера Gauss—Winckler
inequality

Неравенство Зелена
Zelen's inequality

Неравенство Иенсена
Jensen's inequality

Неравенство Кампа–Мейделла
Camp—Meidell inequality

Неравенство Кантелли
Cantelli inequality

Неравенство Крамера–Рао
Cramér—Rao inequality

Неравенство Крамера–
Чебышева Cramér—
Tchebychev inequality

Неравенство Ляпунова
Liapounov inequality

Неравенство Маркова
Markov inequality

Неравенство Пика Peek's
inequality

Неравенство Успенского
Uspensky's inequality

Неравенство Чебышева
Tchebychev inequality

Нерегулярная оценка Non-
regular estimator

Нерегулярный коллектив
Irregular kollectiv

Несингулярное
(невырожденное)
распределение Non-
singular distribution

Неслучайная выборка Non-
random sample

Неслучайная ошибка
Response error

Несмещенная выборка
Unbiassed sample

Несмещенная критическая
область Unbiassed
critical region

Несмещенная оценка
Unbiassed estimator

Несмещенная погрешность
Unbiassed estimator

Несмещенное оценочное
уравнение Unbiassed
estimating equation

Несмещенный критерий
Unbiassed test

Несогласованность
Discordance

Нестационарный
стохастический процесс
Evolutionary process

Несущественные параметры
Incidental parameters

Неустранимое смещение
Inherent bias

Нецентральное многомерное
распределение Бета
Non-central multivariate
Beta distribution

Нецентральное многомерное
F-распределение Non-
central multivariate F-
distribution

Нецентральное
распределение Бета Non-
central Beta distribution

Нецентральное
распределение Уишарта
Non-central Wishart distribution

Нецентральное t-
распределение Non-
central t-distribution

Нецентральное F-
распределение Non-
central F-distribution

Нецентральное χ^2
распределение Non-
central χ^2 distribution

Нецентральный доверительный интервал Non-central confidence interval

Нецентральный момент Crude moment; non-central moment

Нечистый процесс Dishonest process

Неэффективная статистика Inefficient statistic

Нижний квартиль Lower quartile

Нижний контрольный предел Lower control limit

Номичный Nomic

Номограмма Nomogram

Нормализация отметок Normalization of scores

Нормализующая трансформация Normalizing transformation

Нормальная вероятностная бумага Normal probability paper

Нормальная дисперсия Normal dispersion

Нормальное отклонение Normal deviate

Нормальное распределение Normal distribution

Нормальное уравнение Standard equation

Нормальное эквивалентное отклонение Normal equivalent deviate (N.E.D.)

Нормальные уравнения Normal equations

Нормированная отметка Z-score

Нормированное отклонение Normed deviation; variazione (Italian)

Нормированность Standard measure

Нормированный коэффициент смертности Standardized mortality ratio

Нормит Normit

Нулевая гипотеза Null hypothesis

Область Domain; region

Область отбрасывания Rejection region

Область предпочтения Zone of preference

Область приемки Acceptance region

Область типа A Type A region

Область типа B Type B region

Область типа C Type C region

Область типа D Type D region

Область типа E Type E region

Обобщение Гурланда распределения Неймана Gurland's generalization of Neyman's distribution

Обобщенная оценка максимального правдоподобия Generalized maximum likelihood estimator

Обобщенная оценка наименьших квадратов Generalized least squares estimator

Обобщенное биномиальное распределение Generalized binomial distribution

Обобщенное двумерное экспоненциональное распределение Generalized bivariate exponential distribution

Обобщенное мултиномиальное распределение Generalized multinomial distribution

Обобщенное нормальное распределение Generalized normal distribution

Обобщенное нормальное распределение Кэптейна Kapteyn's distribution

Обобщенное распределение Generalized distribution

Обобщенное распределение заражений Generalized contagious distribution

Обобщенное распределение STER Generalized STER distribution

Обобщенное распределение T^2 Generalized T^2 distribution

Обобщенное расстояние Махаланобиса Mahalanobis' generalized distance

Обобщенное степенное распределение Generalized power series distribution

Обобщенные поликеи Generalized polykays

Обобщенные прямоугольные планы Generalized right-angular designs

Обобщенный последовательный критерий отношения вероятностей Generalized sequential probability ratio test

Обработка Treatment

Обработка данных Data processing; reduction of data

Обратные уравнения Backward equations

Обратное гауссово распределение Inverse Gaussian distribution

Обратное гипергеометрическое распределение Hypergeometric waiting time distribution

Обратное распределение Inverse distribution

Обратное факториальное распределение Inverse factorial distribution

Обратные уравнения Backward equations

Обращение Inversion

Обращенное распределение Дирихле Inverted Dirichlet distribution

Обращенный выбор Inverse sampling

Обрывистое распределение Abrupt distribution

Обследование Inquiry; survey

Обследование для выявления общественного мнения Opinion survey

Обследование с заменой всех дефективных изделий годными Rectifying inspection

Общая взаимозависимая система General interdependent system

Общий фактор General factor

Объединение классов Pooling of classes

Объект второй стадии выборки Secondary unit

Объем Volume; size

Объем выборки Sample size

Объем инспекции Amount of inspection

Объем инспекции при нормальном течении процесса Normal inspection

Огибающая функция мощности Envelope power function

Огибающая функция риска Envelope risk function

Огива Ogive

Огива Гальтона Galton's ogive

Ограниченная полнота Bounded completeness

Одинаково распределенные ошибки Identical errors

Одиночный выбор Unitary sampling

Одиночный выборочный план Single sampling plan

Одновершинный Unimodal

Однократная выборка Single sampling

Одномерное распределение Univariate distribution

Однородность Homogeneity

Однородный процесс Homogeneous process

Однородный во времени процесс Temporary homogeneous process

Односвязный блочный план Singly-linked blocked design

Односторонний критерий One-sided test

Одноступенчатый выбор Unit-stage sampling

Однофакторная теория Single factor theory

Ожидаемый пробит Expected probit

Окно Window

Окончательное решение Terminal decision

Опасность Hazard

Опасность отказа Hazard

Оперативная характеристика Performance characteristic

Описательная статистика Descriptive statistic

Описательное выборочное обследование Descriptive survey

Описательные индексы Descriptive indexes

Оптимальная статистика Optimum statistic

Оптимальное расположение Optimum allocation

Оптимальное расслоение Optimum stratification

Оптимальный критерий Optimum test

Оптимальный линейный предиктор Optimum linear predictor

Опыт Trial; experiment

Органическая корреляция Organic correlation

Ортогональная регрессия Orthogonal regression

Ортогональная трансформация переменных Orthogonal variate transformation

Ортогональная функция Orthogonal function

Ортогональные квадраты Orthogonal squares

Ортогональные полиномы Orthogonal polynomials

Ортогональный критерий Orthogonal test

Ортогональный план Orthogonal design

Ортогональный процесс Orthogonal process

Оротогональный строй Orthogonal array

Ортонормальная система Orthonormal system

Ослабленные колебания Relaxed oscillations

Осмотр Survey; inspection

Основание системы счисления Radix

Основная единица   Primary unit

Основная клетка   Basic cell

Основная компонента   Principal component

Основной вес   Base weight

Основной объем выборки   Radix

Основной эффект   Main effect

Осреднение по ансамблю   Ensemble average

Осредненная плотность распределения   Compound frequency distribution

Остаток   Residual

Остаточная сумма квадратов   Residual sum of squares

Осциллирующий процесс   Oscillatory process

Осцилляция   Oscillation

Отбор   Selection; sample

Отбор, при котором вероятность элемента выборки пропорциональна размеру этого элемента   Selection with probability proportional to size

Отбор с переменной вероятностью для различных элементов выборки   Selection with arbitrary (variable) probability

Отбрасывание   Cut-off; rejection

Отклонение от нормального   Disnormality

Открытые интервалы группировки   Open-ended classes

Открытый вопрос в вопроснике   Open-ended question

Открытый последовательный выборочный план   Open sequential scheme

Относительная дисперсия простых факторов   Common factor variance

Относительная информация   Relative information

Относительная площадь трансвариаций   Relative area of transvariation

Относительная частота   Relative frequency

Относительная эффективность   Relative efficiency

Относительный индекс   Relative index

Отношение   Ratio; relationship

Отношение Джири   Geary's ratio

Отношение количества товара в данный период к количеству в основной период   Quantity-relative

Отношение Лексиса   Lexis ratio

Отношение Миллса   Mills' ratio

Отношение неправдоподобия   Unlikelihood ratio

Отношение фон Неймана   Von Neumann's ratio

Отношение правдоподобия   Likelihood ratio

Отношение фактической смертности к стандартной   Comparative mortality figure

Отношение цены в данный период к цене в предшествующий период   Price-relative

Отражающие стенки   Reflecting barriers

Отрицательная корреляция   Inverse correlation

Отрицательное биномиальное распределение   Negative binomial distribution

Отрицательное биномиальное распределение с усеченным нулевым классом   Decapitated negative binomial distribution

Отрицательное мультиномиальное распределение   Negative multinomial distribution

Отсечка   Cut-off

Охват   Coverage; extent; queue

Оценивание   Estimation

Оценка   Estimate; estimator; estimation

Оценка Байеса   Bayes' estimation

Оценка в виде отношения   Ratio estimator

Оценка максимума вероятности   Maximum probability estimator

Оценка Маркова   Markov estimate

Оценка методом минимума нормита хи-квадрата   Minimum normit chi-square estimator

Оценка методом моментов   Moment estimator

Оценка Мурти   Murthy's estimator

Оценка на основе двух отношений   Double-ratio estimator

Оценка параметров способом внутренней регрессии   Internal least squares estimator

Оценка Питмана   Pitman estimator

Оценка по методу
наименьших квадратов
Least square estimator
Оценка по уравнению
регрессии Regression
estimate
Оценка с наибольшей
эффективностью Most
efficient estimator
Оценка Спирмана Spearman
estimator
Оценка с равномерно
наилучшим риском Mean
likelihood estimator
Оценка Эйткина Aitken
estimator
Оценочная статистика
Estimator
Ошибка Error
Ошибка апроксимации
Approximating error
Ошибка в наблюдении Error
of observation
Ошибка в обследовании
Error of observation
Ошибка второго рода Error
of second kind; type II
error
Ошибка выборки Sampling
error
Ошибка компенсации
Compensation error
Ошибка наблюдения
Observational error
Ошибка обработки
статистических данных
Processing error
Ошибка отбрасывания Re-
jection error
Ошибка оценки Error of
estimation
Ошибка первого рода Error
of first kind; type I error;
rejection error
Ошибка репрезентативности
Sampling error

Ошибка суммы квадратов
Error of sum of squares
Ошибка связанная с
качеством выборочного
обследования Ascertain-
ment error
Ошибка третьего рода
Error of third kind
Ошибки в обследованиях
Errors in survey
Ошибки в переменных
Errors in variables
Ошибки в уравнениях
Errors in equations

Параметр Parameter
Параметр масштаба Scale
parameter
Параметр местоположения
Parameter of location
(scale)
Параметр сдвига Location
parameter; translation
parameter
Параметр формы Shape
parameter
Параметрическая гипотеза
Parametric hypothesis
Параметрическое
программирование Para-
metric programming
Партия Lot; party
Патологический процесс
Dishonest process; patho-
logic process
Первая предельная теорема
First limit theorem
Первая теорема Хелли
Helly's first theorem
Первый абсолютный момент
Mean deviation (first ab-
solute moment)
Передаточная функция
Transfer function
Перекрестная классификация
Crossed classification
Перекрестная функция
интенсивности Cross
intensity function

Перекрестные корреляции
Cross-correlations
Перекрестный спектр
Cross spectrum
Перекрестный спектр
амплитуд Cross-
amplitude spectrum
Перекрывающиеся выборочные
единицы (величины)
Overlapping sampling units
Перекрывающиеся планы
Overlap designs
Перемена знака (с минуса
на плюс Up-cross
Переменная величина
Variable; variable
quantity
Переменная выборочная
доля Variable sampling
fraction
Переменное испытание
Changeover trial
Переменный опыт Change-
over trial
Переменчивость Mutability
Перемешанная под группа
интеракций Sub-group
confounded
Перемешивание плана с
расщепленными элементами
Split-plot confounding
Перемещенное распределение
Пуассона Displaced
Poisson distribution
Переопределенность Over-
identification
Переписное распределение
Census distribution
Перепись Census
Переплетение Confounding
Переходное состояние
Transient state
Перцентили Percentiles;
(see also Процентили)
Период Period

Период возврата Return
Period

Период занятости Busy
Period

Периодический процесс
Periodic process

Периодический ряд Cyclic
series

Периодическое распределе-
ние Circular distribution

Периодограмма Periodogram

Периодограмма Алтера
Alter periodogram

Периодограмма Шустера
Schuster periodogram

Перцентиль Percentile

Петлевой план Loop plan

Пик Peak

Пиктограмма Pictogram

План Design; schedule;
plan

План контроля для
непрерывного
производства Continuous
sampling plan

План с расщепленными
элементами Split-plot
design

План со случайными
размещениями Random
allocation design

План чудесного
(магического) квадрата
Magic square design

Платежная матрица Pay-off
matrix

Плотность вероятности
Probability density

Плотность распределения
Frequency distribution;
frequency function

Поверхность отклика
Response surface

Поверхность плотности
Frequency surface

Поверхность регрессии
Regression surface

Поворот Rotation

Повторение Repetition

Повторение опыта Repli -
cation

Повторная попытка
получить информацию в
выборочном
обследовании Follow up

Повторное обследование
Repeated survey

Повторное посещение Call-
back

Повторный визит Call-back

Повторный (повторительный)
групповой выборочный
контроль Repetitive
group sampling plan

Поглощающая область
Absorbing region

Поглощающая цепь Маркова
Absorbing Markov chain

Поглощающее состояние
Absorbing state

Поглощающий барьер
Absorbing barrier

Поглощающий экран
Absorbing barrier

Погрешность Error

Подвыбор Subsampling

Подвыборка Subsample

Поднормальная вариация
Sub-normal dispersion

Подобные области Similar
regions

Подпоследовательность
Sub-sequence; seriola
(Italian)

"Подрезанный" временной
ряд Truncated time
series

Подстановка Substitution

Подчиненная информация
Ancillary information

Подчиненная статистика
Ancillary statistic

Позволительная оценка
Permissible estimator

Показательная кривая
(экспонента) Expo-
nential curve

Показательное
распределение
Exponential distribution

Покрытие Coverage

Поле событий Event space

Полигон частот Frequency
polygon

Поликеи Polykays

Полином Бернулли Bernoulli
polynomial

Полиномы Лежандра
Legendre polynomials

Полиномы Чебышева–Эрмита
Tchebychev–Hermite
polynomials

Полиномиальный тренд
Polynomial trend

Полиспектры Polyspectra

Полихорическая корреляция
Polychoric correlation

Полная инспекция Total
inspection

Полная (тотальная)
инспекция Screening
inspection

Полная доля выборки Over-
all sampling fraction

Полная корреляция Total
correlation

Полная корреляционная
матрица Complete
correlation matrix

Полная (использующая все
данные) оценка Over-
all estimate

Полная регрессия Com-
plete regression; total
regression

Полная система уравнений
Complete system of
equations

Полный класс Complete
class

23

Полный класс тестов
Complete class of tests
Полностью рандомизирован-
ный план Complete
randomised design
Полностью уравновешенный
решетчатый квадрат
Completely balanced
lattice square
Полнота Completeness
Половина интерквартильного
размаха Quartile devia-
tion
Половина поля допуска
Half-width
Половина центрального
интервала Half-width
Положительная асимметрия
Positive skewness
Полулогарифмическая
диаграмма Semi-
logarithmic chart
Полумарковский процесс
Semi-Markov process
Полумартингал Semi-
martingale
Полу-нормальное
распределение Half-
normal distribution
Полу-повторный план Half-
replicate design
Полуразмах Mid-range
Полустационарный процесс
Semi-stationary process
Помехи Noise
Попарное сравнение Paired
comparison
"Поправка" для выборки из
конечной совокупности
Finite sampling correction
Поправка Иэйтса Yate's
correction
Поправка Лытткэна
Lyttken's correction
Поправка на группировку
Correction for grouping

Поправка на непрерывность
Correction for continuity
Поправка на обрывистость
Correction for abruptness
Поправки на крайние
значения End corrections
Поправки Шеппарда
Sheppard's corrections
Поправочный множитель для
конечной совокупности
Finite multiplier
Популяция Population
Порядковые статистики
Order-statistics
Порядок интеракции
(взаимодействия) Order
of interaction
Порядок (корреляционных
или регрессионных)
коэффициентов Order of
coefficients
Порядок стационарности
Order of stationarity
Последовательная оценка
Sequential estimation
Последовательная процедура
оценки предложенная
Джирина Jirina sequential
procedure
Последовательная
толерантная область
Sequential tolerance region
Последовательность
Series; sequence
Последовательность
выборочных средних
Progressive average
Последовательность двух
критериев типа Вальда
Tandem tests
Последовательный анализ
Sequential analysis
Последовательный критерий
Sequential test

Последовательный критерий
отношения вероятностей
Sequential probability-
ratio test
Последовательный критерий
T^2 Sequential T^2 test
Последовательный критерий
WAGR WAGR test
Последовательный процесс
контроля Replacement
process
Постоянная Гутеро (в
теории временных рядов)
Goutereau's constant
"Постоянные" случайные
величины в теории
регрессионного анализа
Fixed variates
Постулат Байеса Bayes'
postulate
Потеря Loss; regret
Потеря информации Loss of
information
Почти достоверный Almost
certain
Почти наилучшая линейная
оценка Nearly best
linear estimator
Почти стационарный Almost
stationary
Правдоподобие Likelihood
Правило Груббса Grubb's
rule
Правило Кокрана Cochran's
rule
Правило остановки Stopping
rule
Правило Стерджесса
Sturgis' rule
Правило Томпсона
Thompson's rule
Правильная регрессия True
regression
Предварительное "обеление"
Prewhitening
Предварительное
обследование Pilot sur-
vey

Предварительный сбор информации Explanatory survey

Пределы внутри поля допуска Compressed limits

Предиктор Predictor

Преднамеренная выборка Purposive sample

Предопределенная варианта Instrumental variable

Предопределенная переменная Predetermined variable

Предсказание Prediction

Предсказывание Forecasting

Предъявленная на проверку партия Inspection lot

Преобразование арксинуса Inverse sine transformation

Преобразование квадратного корня Square root transformation

Преобразование Лапласа Laplace transform

Преобразование плотности распределения в нормальную Normalization of frequency functions

Преобразование повторным логарифмированием Log-log transformation

Преобразование посредством интегральной функции распределения Probability integral transformation

Преобразование случайной переменной Variate transformation

Преобразование эмпирической кривой эффекта Rankit

Преобразованная доза Dose metameter

Преобразованная мера эффекта (отклика) Response metameter

Преобразованный набор латинских квадратов Transformation set of Latin squares

Преобразователь доз Metameter

Преобразователь имеющий нормальный эксцесс Mesokurtosis

Прерывная (дискретная) случайная величина Discontinuous variable

Прерывный процесс Discontinuous process

Приведенные уравнения Reduced equations

Приведенный план Reduced design

Пригонка кривых Curve fitting

Пригонка тренда Trend fitting

Приемочная линия Acceptance line

Приемочное число Acceptance number

Приемочный контроль Acceptance control

Признак Attribute

Принцип инвариантности Invariance method

Принцип минимакса Minimax principle

Принцип минимакса потерь Minimax regret principle

Принцип (соотношение) неопределенности Гренандера Grenander uncertainty principle

Принцип объединения и пересечения Union intersection principle

Принцип равного (одинакового) незнания Principle of equal ignorance

Принцип эквипартиции Principle of equipartition

Пристрастная выборка Biassed sample

Причинная переменная Cause variable

Причинная цепная модель Causal chain model

Проба Trial

Пробит Probit

Пробитный анализ Probit analysis

Проблема Бартоломью Bartholomew's problem

Проблема индивидуальных разностей (Гальтона) Galton's individual difference problem

Проблема массового обслуживания Queueing problem

Проблема очередей Queueing problem

Проведение выборочного обследования в последовательные интервалы Sampling on successive occasions

Прогноз Prediction (see also Предсказание)

Прогнозирование Forecasting (see also Предсказывание)

Прогрессивно (многократно) цензурированный выбор Progressively censored sampling

Проекция Projection

Производящая функция Generating function

Производящая функция моментов Moment generating function

Производящая функция семиинвариантов Cumulant generating function

Производящая функция
факториальных моментов
Factorial moment generating
function

Производящая функция
факториальных
семиинвариантов Cumu-
lant generating function

Производная статистика
Derived statistics

Произвольное начало
Arbitrary origin

Произвольный порядок
Random order

Пропорциональная частота
(частость) Proportional
frequency

Пропорциональная частота в
подклассах в
дисперсионном анализе
Proportional sub-class
numbers

Пропорциональный выбор
Proportional sampling

Пропорция Ratio; Proportion

Пропорция допустимых
дефективных изделий в
партии подлежащей
инспекции Lot tolerance
per cent defective

Просеивающий план
Screening design

Простая выборка Simple
sample

Простая гипотеза Simple
hypothesis

Простая структура Simple
structure

Простая (односторонняя)
таблица Simple table

Простой решетчатый план
Simple lattice design

Простой случайный выбор
Simple random sampling

Простой фактор Common
factor; specific factor

Пространственный
систематический выбор
Spatial systematic
sampling

Пространственный точечный
процесс Spatial point
process

Пространство простых
факторов Common factor
space

Пространство решения
Decision space

Протяженное обследование
Extensive sampling;
intensive sampling

Протяженный выбор Exten-
sive sampling

Процедура обеспечивающая
непревышение заданной
пропорции дефективных
изделий в каждой партии
Lot quality protection

Процедура оценки Esti-
mation

Процедура Роббинса–Манро
Robbins—Munro process

Процедурная
систематическая ошибка
Procedurial bias

Процентили Percentiles

Процентная диаграмма Per-
centage diagram

Процентное распределение
Percentage distribution

Процентное стандартное
отклонение Percentage
standard deviation

Процентные точки Percent-
age points

Процесс Гальтона–Ватсона
Galton—Watson process

Процесс Башелье Bachelier
process

Процесс ввода/вывода
Input/output process

Процесс Кифера-Вольфовица
Kiefer—Wolfowitz process

Процесс Кэстена Kesten's
process

Процесс обработки данных
предложенный Аллэном и
Вишартом в случае
отсутствия некоторых
наблюдений Missing plot
technique

Процесс определения серии
посредством сериальных
корреляций Inverse
serial correlation

Процесс Орнштейна–Уленбека
Ornstein—Uhlenbeck
process

Процесс отхождений
Departure process

Процесс Полия (Пойа)
Polya process

Процесс размножения
Birth-process

Процесс размножения,
гибели и иммиграции
Birth, death and
immigration process

Процесс размножения и
гибели Birth-and-death
process

Процесс рождаемости и
смерти Birth-and-death
process

Процесс рождения Birth-
process

Процесс с независимыми
приращениями Process
with independent incre-
ments

Процесс свободный от
скачков Skip-free process

Процесс скользящего
суммирования Moving
summation process

Процесс скользящих средних
Moving average- process

Процесс Слуцкого Slutzky's
process

Процесс соревнований
Competition process

Процесс Такача Takacs process

Процесс Фурри Furry process

Процесс Юля Yule process

Прямая вероятность Direct probability

Прямая корреляция Direct correlation

Прямая регрессии Regression line

"Прямой" выбор Direct sampling

Прямолинейный тренд Rectilinear trend

Прямоугловой план Right angular design

Прямоугольная решетка Rectangular lattice

Прямоугольное распределение Rectangular distribution

Прямые уравнения Колмогорова Forward equations

Псевдо-обратный элемент (псевдо-обратная матрица) Pseudo-inverse

Псевдо-спектр Pseudo-spectrum

Псевдо-фактор Pseudo-factor

Психологическая вероятность Psychological probability

Пуассоновская вероятностная бумага Poisson probability paper

Пуассоновский закон больших чисел Poisson's law of large numbers

Пуассоновский индекс рассеяния Poisson index of dispersion

Пуассоновский марковский процесс Poisson Markov process

Пуассоновский процесс Poisson process

Пуассоновское Бета распределение Poisson Beta distribution

Пуассоновское биномиальное распределение Poisson binomial distribution

Пятеричный критерий Pentad criterion

Пяти-точечное биологическое испытание Five-point assay

R-метод R-technique

Рабочая характеристика Operating characteristic

"Рабочее" среднее Assumed mean

Рабочий пробит Working probit

Равновероятностный отбор Selection with arbitrary (variable) probability

Равновесие Equilibrium

Равновесное (стационарное) распределение Equilibrium distribution

Равнокоррелированное (многомерное) распределение Equally correlated distribution

Равномерная выборочная доля Uniform sampling fraction

Равномерно минимальный риск Uniformly minimum risk

Равномерно наиболее мощный критерий Uniformly most powerful (U.M.P.) test

Равномерно наилучшая решающая функция Uniformly best decision function

Равномерно несмещенная оценка Uniformly unbiassed estimator

Равномерное распределение Uniform distribution

Разбавленный ряд Dilution series

Разбиение (сложного распределения) на компоненты Dissection (of heterogeneous distribution)

Разброс данных Spread

Разделительная линия Берсона Bersonian line

Разделяющее значение Dividing value

Разорение игрока Gambler's ruin

Разложение Decomposition

Разложение Бартлетта (распределения Уишарта) Bartlett's decomposition

Разложение Корниша–Фишера Cornish–Fisher expansion

Разложение Вольда (в теории временных рядов) Predictive decomposition

Разложение χ^2 в сумму членов Partition of chi-square

Размах Range

Размер Size

Разность Residual; difference

Разноэксцессный Allo-kurtic

Разрешающие планы Resolvable designs

Разрешающие сбалансированные неполные блочные планы Resolvable balanced incomplete block design

Разрешимость Resolution

27

Разрушительная инспекция
Destructive test
Разрывное распределение
Discontinuous distribution;
staircase distribution
Разряд Bit
Ранг Rank
Ранговая корреляция Rank
correlation
Ранговая статистика
(зависящая лишь от
ранговых соотношений в
выборке) Rank-order
statistics
Ранговый критерий знаков
Signed rank test
Ранговый критерий знаков
Вилкоксона Wilcoxon
signed rank test
Рандомизация Random-
ization
Рандомизированная модель
Randomized model
Рандомизированная
решающая функция
Randomized decision
function
Рандомизированные блоки
Randomized blocks
Рандомизированный критерий
Randomized test
Рандомизированный
частичный факториальный
план Randomized
fractional factorial design
Расписание Schedule
Распределение Distribution
Распределение Арфведсона
Arfwedson distribution
Распределение Бернулли
Bernoulli distribution
Распределение Бозе Bose
distribution
Распределение Бореля–
Таннера Borel–Tanner
distribution

Распределение Бурра
(Бэрра) Burr's distri-
bution
Распределение Варинга
Waring distribution
Распределение Вейбулла
(Гнеденко–Вейбулла)
Weibull distribution
Распределение
вероятностей Proba-
bility distribution
Распределение Вишарта
(Уишарта) Wishart
distribution
Распределение Гальтона-
МакАллистера Galton–
McAllister distribution
Распределение Гарвуда
Garwood distribution
Распределение Гаусса
Gauss distribution
Распределение Гельмерта
Helmert distribution
Распределение Гибрата
Gibrat distribution
Распределение Дармуа-
Купмэна Darmois–
Koopman's distribution
Распределение Дирихле
Dirichlet distribution
Распределение
дисперсионного отноше-
ния Variance ratio distri-
bution
Распределение длин серий
Distribution of run lengths
Распределение заражения
Contagious distribution
Распределение заражения
Резерфорда Rutherford's
contagious distribution
Распределение интервалов
Interval distribution
Распределение Исинг-
Стивенса Ising–Stevens
distribution
Распределение Коши
Cauchy distribution

Распределение Лапласа
Laplace distribution
Распределение Леви–Парето
Lévy–Pareto distribution
Распределение Мадоу–
Лейпника Madow–
Leipnik distribution
Распределение Максвелла
Maxwell distribution
Распределение Мизеса
Von Mises distribution
Распределение нарастающих
сумм Cumulative sum
distribution
Распределение
(расположение) Неймана
Neyman allocation
Распределение Паскаля
Pascal distribution
Распределение Перкса
Perks distribution
Распределение Пирсона I
типа Type I distribution
Распределение Пирсона II
типа Type II distribution
Распределение Пирсона III
типа Type III distribution
Распределение Пирсона IV
типа Type IV distribution
Распределение Пирсона V
типа Type V distribution
Распределение Пирсона VI
типа Type VI distribution
Рампределение Пирсона VII
типа Type VII distribu-
tion
Распределение Пирсона VIII
типа Type VIII distri-
bution
Распределение Пирсона IX
типа Type IX distribution
Распределение Пирсона X
типа Type X distribution
Распределение Пирсона XI
типа Type XI distribution

Распределение Пирсона XII типа   Type XII distribution

Распределение Пойа-Эггенбергера   Pólya—Eggenburger distribution

Распределение Полия (Пойа)   Pólya's distribution

Распределение Полия-Эппли   Pólya Aeppli distribution

Распределение последействия   Contagious distribution

Распределение превышений   Distribution of exceedances

Распределение Пуассона   Poisson distribution

Распределение Рэлея   Rayleigh distribution

Распределение "сигаретных картонок"   Cigarette card distribution

Распределение согласовывания   Matching distribution

Распределение Стаси (обобщение Гамма распределения)   Stacy's distribution

Распределение STER   'Ster' distribution

Распределение Стивенса-Крейга   Stevens—Craig distribution

Распределение Стьюдента   'Student's' distribution

Распределение счета   Counting distribution

Распределение Т Хотеллинга   Hotelling's T distribution

Распределение типа А (вид сложного распределения Пуассона)   Type A distribution

Распределение типа В (обобщение распределения типа А)   Type B distribution

Распределение типа С (обобщение распределения типа А)   Type C distribution

Распределение типа Парето   Pareto-type distribution

Распределение Томаса   Thomas distribution

Распределение Фишера   Fisher's distribution

Распределение Элфвинга   Elfving distribution

Распределение Энгсета   Engset distribution

Распределение Эрланга   Erlang distribution

Распределение Эрмита   Hermite distribution

Распределение Юля   Yule distribution

Распределения хи   Chi distributions

Распределения хи-квадрат, распределения χ^2 Chi-squared distributions

Распределения Чамперноуна   Champernowne distributions

Распределения Шарлье   Charlier distributions

Распределенный лаг   Distributed lag

Рассеяние   Dispersion

Расслоение   Stratification

Расслоение после отбора   Stratification after selection

Рассеяние   Dispersion

Расстояние   Distance

Расстояние Бхаттачария   Bhattacharya's distance

Расстояние Махаланобиса   Mahalanobis distance

Расчленение   Decomposition

Расширенное гипергеометрическое распределение   Extended hypergeometric distribution

Расширенный групповой делимый план   Extended group divisible design

Реакция   Response; reaction

Регенеративный процесс   Regenerative process

Регрессионная зависимость   Regression dependence

Регрессия   Regression

Регрессия в форме частного отношения   Quotient regression

Регрессия с запаздыванием аргумента   Lag covariance

Регрессор   Regressor

Регулирование подслоя   Control of substrata

Регулярная наилучшая асимптотически нормальная оценка   Regular best asymptotically normal estimator

Регулярная оценка   Regular estimator

Регулярный групповой неполный блочный план   Regular group divisible incomplete block design

Результат, имеющий два возможных значения (исхода)   Quantal response

Рекурсивная система   Recursive system

Репрезентативная (представительная) выборка   Representative sample

Решающая функция   Decision function

Решетка   Grid

Решетчатый выбор   Grid
   sampling; lattice sampling
Решетчатый план   Lattice
   design
Риск   Risk
Риск потребителя   Con-
   sumer's risk
Риск производителя
   Producer's risk
Рототабельные планы
   Rotable designs
Ряд   Series
Ряд Грама–Шарлье – типа А
   Gram—Charlier series –
   Type A
Ряд Грама–Шарлье – типа В
   Gram—Charlier series –
   Type B
Ряд Грама–Шарлье – типа С
   Gram—Charlier series –
   Type C
Ряд типа А   Type A series
Ряд типа В   .Type B series
Ряд типа С   Type C series
Ряд статистических данных,
   относящихся к
   количественным величинам
   Series; seriation (Italian)
Ряд Эджворта   Edgeworth's
   series

S критерий   S-test
С эксцессом меньше
   нормального   Platykurtic
Самовзвешенная выборка
   Self-weighting sample
Самовосстанавливающийся
   агрегат   Self-renewing
   aggregate
Самоизбегающее случайное
   блуждание   Self-avoiding
   random walk
Самосопряженный латинский
   квадрат   Self-conjugate
   Latin square

Сбалансированная выборка
   Balanced sample
Сбалансированная
   квадратная решетка
   Balanced lattice square
Сбалансированное
   перемешивание   Balanced
   confounding
Сбалансированные разности
   Balanced differences
Сбалансированный неполный
   блок   Balanced incomplete
   block
Сбалансированный
   факториальный план
   Balanced factorial experi-
   mental design
Свернутая таблица
   сопряженности признаков
   Folded contingency table
Свернутое нормальное
   распределение   Folded
   normal distribution
Свертка   Folding; convolu-
   tion
Свертывание   Folding
Сверхнасыщенный план
   Supersaturated design
Сверхэффективность
   Super-efficiency
Свободная от
   распределений
   достаточность   Distribu-
   tion-free sufficiency
Связность   Constraint
Связь   Connection
Сглаживание   Smoothing
Сглаживание кривых   Curve
   fitting
Сгруппированные данные
   Integrated data
Сезонная вариация
   (изменение)   Seasonal
   variation
Секторная диаграмма   Pie
   diagram

Семи-инвариант   Semi-
   invariant; half-invariant
Семиинтерквартильная
   широта   Semi-interquartile
   range
Семилатинский квадрат
   (латинский квадрат с
   разделенными элементами)
   Semi-Latin square
Середина интервала
   группировки   Class mark
Серединная (медианная)
   несмещенность   Median
   unbiassedness
Серединная
   регрессионная кривая
   Median regression curve
Серединно-несмещенный
   доверительный интервал
   Median-unbiassed confi-
   dence interval
Серединный тест   Median
   test
Серальная вариация
   Serial variation
Серальная корреляция
   Serial correlation
Серальная система
   Series queues
Серально сбалансированная
   последовательность
   Serial balanced sequence
Серальное скопление
   Compact (serial) cluster
Серальный план   Serial
   design
Серии   Runs
Сетка линий   Grid
Сжатые пределы   Compressed
   limits
Сигмоидальная кривая
   S-curve; sigmoid curve
Симметрический выбор
   Symmetric sampling
Симметричная анормальная
   кривая   Simple abnormal
   curve

Симметрично ограниченный критерий Equal-tails test

Симметричное распределение Symmetrical distribution

Симметричный критерий Symmetrical test

Симметричный частичный план Symmetrical factorial design

Симметрия Symmetry (Simmetria)

Симплекс-метод Simplex method

Симплексный план Simplex design

Симплексный центроидный план Simplex centroid design

Сингулярное распределение Singular distribution

Сингулярный взвешенный план Singular weighting design

Синусоидальная предельная теорема Sinusoidal limit theorem

Система Джонсона Johnson's system

Система Орда/Карвера для дискретных распределений Ord/Carver system

Система отсчета Frame of reference

Система S_B, S_U распределений предложенная Джонсоном S_B, S_U distributions

Система уравнений, содержащая случайные возмущения Shock and error model

Система уравнений содержащая случайные отклонения Shock model

Систематическая вариация Systematic variation

Систематическая выборка Systematic sample

Систематическая ошибка Systematic error; bias

Систематическая статистика Systematic statistic

Систематический Systematic

Систематический квадрат Systematic square

Систематический план Systematic design

Систематическое смещение Analytic trend

Скедастичность Scedasticity

Скользящая сезонная вариация Moving seasonal variation

Скользящая сумма Moving total

Скользящее среднее возмущение Moving average disturbance

Скользящие веса Moving weights

Скользящие средние Moving averages

Скользящий годовой итог Moving annual total

Скользящий тест Slippage test

Скопление Cluster

Скошенный фактор Oblique factor

Скрещенная классификация Crossed classification

Скрещенно взвешенный индекс Crossed-weight index number

Скрещенные факторы Crossed factors

Скрещенный опыт Change-over trial

Скрещенный план Cross-over design; reversal design; switchback design

Скрещенный план с добавочным периодом Extra-period change-over design

Скрытая переменная Latent variable

Скрытая структура Latent structure

Следить Follow up

Сложение случайных величин Addition, of variates

Сложная анормальная кривая Complex abnormal curve

Сложная выборочная схема Composite sampling scheme

Сложная гипотеза Composite hypothesis

Сложное гипергеометрическое распределение Compound hypergeometric distribution

Сложное отрицательное мультиномиальное распределение Compound negative multinomial distribution

Сложное пуассоновское распределение Compound Poisson distribution

Слой Stratum

Случайная величина Aleatory variable; random variable; stochastic variable; variable

Случайная выборка Random sample

Случайная компонента
Random component
Случайная ошибка Random
error
Случайная ошибка
выборочного
обследования Random
sampling error
Случайная переменная
варианта Variate; ran-
dom variable
Случайная
последовательность Ran-
dom series; Random
sequence
Случайная предсказанная
величина Determining
variable
Случайная связь Chance
constraint
Случайная селекция Ran-
dom selection
Случайное блуждание Ran-
dom walk
Случайное варьирование
(вариация) Chance
variation
Случайное возмущение
Stochastic disturbance
Случайное начало
систематической
выборки Random start
Случайное распределение
Random distribution
Случайное событие Random
event
Случайные выборочные
числа · Random sampling
numbers
Случайные ортогональные
преобразования Random
orthogonal transformations
Случайный Random
Случайный импульсный
процесс Random impulse
process

Случайный линейный граф
Random linear graph
Случайный отбор Random
selection
Случайный порядок Random
order
Случайный процесс Random
process
Случайный (стохастический)
процесс Stochastic
process
Случайный ряд Random
series
Случайный
сбалансированный план
Random balance design
Смесь распределений
Mixture of distributions
Смесь пуассоновского и
срезанного нормального
распределения Poisson
truncated normal distribu-
tion
Смешанная корреляция
Product-moment correlation
Смешанная модель Mixed
model
Смешанная стратегия
Mixed strategy
Смешанные наблюдения
Mixed-up observations
Смешанный выбор Mixed
sampling
Смешанный момент Product-
moment; joint-moment
Смешанный факториальный
эксперимент Mixed
factorial experiment
Смешение распределений
Mixture of distributions
Смешивание Confounding
Смещение Bias
Смещение вверх Upward
bias
Смещение вниз Downward
bias

Смещение вследствие
ошибочного взвешивания
Weight bias
Смещение обусловленное
опрашивающим при опросе
Interviewer bias
Смещение типа Type bias
Смещенная выборка Biassed
sample
Смещенная оценка Biassed
estimator
Смещенный критерий
Biassed test
Собирание Aggregation
Собственное значение
Eigenvalue
Совместная вариация
нескольких величин
Covariation
Совместная достаточность
Joint sufficiency
Совместная оценка Simul-
taneous estimation
Совместная регрессия
Joint regression
Совместное распределение
Joint distribution
Совместные дискриминантные
(классифицирующие)
интервалы Simultaneous
discrimination intervals
Совместные доверительные
интервалы Simultaneous
confidence intervals
Совместные интервалы
предсказания Joint pre-
diction intervals
Совместный критерий
дисперсионного отношения
Simultaneous variance
ratio test
Совместный толерантный
интервал Simultaneous
tolerance interval
Совокупность Population

Совокупность с отличным от нормального распределением Non-normal population

Совпавшие ранги Tied ranks

Совпадение отклонений по знаку Concurrent deviation

Согласие Concordance; conformity; goodness of fit

Согласованная выборка Concordant sample

Согласованная структура Coherent structure

Согласовывание Matching

Сокращенная инспекция Reduced inspection

Сообщаться Communicate

Сообщающийся класс Communicating class

Соответствие Concordance; conformity

Соотношение Бартлетта Bartlett relation

Соотношение между двумя стимулами Relative potency

Сопряженная ранжировка Conjugate ranking

Сопряженность признаков Contingency

Сопряженные латинские квадраты Conjugate Latin squares

Сопряженный класс Associate class

Сопутствование Concommitance

Сосредоточенный дисперсионный критерий Lumped variance test

Составная гистограмма Component bar chart

Составная единица Complex unit

Составная модель Aggregative model

Составная таблица Complex table

Составной индекс Aggregative index; composite index-number

Составной факторный анализ Component analysis

Составной эксперимент Complex experiment

Состоятельная оценка Consistent estimator

Состоятельный критерий Consistent test

Состоятельный тест Consistent test

Спаренные выборки Matched samples

Спектр Spectrum

Спектральная плотность Spectral density

Спектральная функция Spectral function

Спектральная функция веса Spectral weight function

Спектральное окно Spectral window

Спектральное осреднение Spectral average

Специфический уровень Specific rate

Специфичность Specificity

Сплошная инспекция Total inspection

Способ Mode

Сравнение группировок Group comparison

Сравнительный (относительный) индекс смертности Comparative mortality index

Среднее Mean

Среднее значение Mean

Среднее количество инспекции Average amount of inspection

Среднее отклонение Average deviation; mean deviation

Среднее расхождение Mean difference

Среднее тригонометрическое отклонение Mean trigonometric deviation

Среднее число Average

Среднеквадратичная ошибка Error mean-square; root-mean-square error

Среднеквадратичная сопряженность Mean-square contingency

Среднеквадратичное отклонение Mean-square deviation; root-mean-square deviation

Среднеквадратичный Mean-square

Среднеквадратная ошибка Mean-square error

Среднеквадратные последовательные разности Mean-square successive differences

Средние группировочные поправки Average corrections

Средние значения Mean values

Средние полу-квадратные разности Mean semi-squared difference

Средние последовательные разности Mean linear successive differences

Средние пропорции дефективных изделий в в выборках Process average fraction defective

Средний   Average

Средний размах   Mean range

Средний уровень выходного качества   Average outgoing quality level

Средняя абсолютная ошибка   Mean absolute error

Средняя линия   Median line

Средняя неточность   Average inaccuracy

Средняя относительных   Average of relatives

Средняя разность   Mean difference

Стандартизованная нормальная величина   Unit normal variate

Стандартизованная (нормированная) переменная величина   Standardized variate

Стандартизованное (нормированное) отклонение   Standarized deviate

Стандартизованные регрессионные коэффициенты   Standarized regression coefficients

Стандартная мера   Standard measure

Стандартная отметка   Standard score

Стандартная ошибка   Standard error

Стандартная популяция   Standard population

Стандартная совокупность   Standard population

Стандартное отклонение   Standard deviation

Стандартное отклонение оценки   Standard error of estimate

Стандартный латинский квадрат   Standard Latin square

Статистика   Statistic; statistics

Статистика Андерсона-Дарлинга   Anderson—Darling statistic

Статистика Бозе-Эйнштейна   Bose—Einstein statistic

Статистика Дубрина-Уатсона (ватсона)   Durbin—Watson statistic

Статистика классификаций Вальда   Wald's classification statistic

Статистика Максвелла-Больцмана   Maxwell—Boltzman statistic

Статистика пси-квадрат   Psi-square statistic

Статистика последовательных разностей (приращений)   Successive difference statistic

Статистика Тьюки   Tukey statistic

Статистика Ферми-Дирака   Fermi—Dirac statistic

Статистика χ (хи)   Chi-statistic

Статистика χ²   Chi-squared statistic

Статистика хи-квадрат   Chi-squared statistic

Статистики Диксона   Dixon's statistics

Статистическая гипотеза   Statistical hypothesis

Статистическая решающая функция   Statistical decision function

Статистическая толерантная область   Statistical tolerance region

Статистически эквивалентные блоки   Statistically equivalent blocks

Статистический толерантный предел   Statistical tolerance limit

Стационарное население   Stationary population

Стационарное распределение   Stationary distribution

Стационарный процесс   Stationary process

Стационарный процесс в широком смысле   Wide sense stationary process

Степени свободы   Degrees of freedom

Степени случайности   Degrees of randomness

Степенное среднее   Power mean

Степенной момент   Power moment

Степень связи между признаками   Colligation

Стереограмма   Axonometric chart; stereogram

Стирлинга распределение   Stirling distribution

Стойкость   Persistency

Столбец   Array

Столбиковая диаграмма   Block diagram

Стохастическая дифференцируемость   Stochastic differentiability

Стохастическая зависимость   Stochastic dependence

Стохастическая интегрируемость   Stochastic integrability

Стохастическая матрица   Stochastic matrix

Стохастическая модель   Stochastic model

Стохастическая непрерывность Stochastic continuity

Стохастическая сходимость (сходимость по вероятности) Stochastic convergence

Стохастическая транзитивность Stochastic transitivity

Стохастически больший или меньший Stochastically larger or smaller

Стохастический Stochastic

Стохастический процесс Лорана Laurent process

Стохастическое программирование Stochastic programming

Стохастическое сравнение критериев Stochastic comparison of tests

Стохастическое ядро Stochastic kernel

Стратегия Strategy

Стратификация Stratification

Строго-состоятельная оценка Strongly consistent estimator

Строго стационарный процесс Strictly stationary process

Строение Structure

Строй Array

Структура Structure

Структура ненулевых элементов в факторной матрице Factor pattern

Структурное уравнение Structural equation

Структурные параметры Structural parameters

Стьюдентизация Studentization

Стьюдентизированное максимальное абсолютное отклонение Studentized maximum absolute deviate

Стюдентизированный размах Studentized range

Субмартингал Submartingale

Субъективная вероятность Subjective probability

Субэкспонциальное распределение Subexponential distribution

Сумма квадратов отклонений от среднего значения Squariance

Сумма квадратов вариантов Treatment mean-square

Сумма квадратов выборочных отклонений от среднего Deviance

Сумма квадратов ошибки Discrepance

Сумма степеней Power sum

Суммарная квадратичная сопряженность признаков Square contingency

Супернормальная вариация Supernormal dispersion

Существенная выборка Importance sampling

Сферическая дисперсионная функция Spherical variance function

Сферическое нормальное распределение Spherical normal distribution

Схема скрытой периодичности Scheme of hidden periodicity

Сходимость по вероятности Convergence in probability

Сходимость по мере Convergence in measure

Схоластическая корреляция Nonsense correlation

Сцепление блока Linked blocks

Слепленные выборки Linked samples

Счет очков Score

Считающее распределение Counting distribution

t - распределение (Стьюдента) t-distribution

T- распределение (Хотеллинга) T-distribution

Таблица предпочтенеий Preference table

Таблица продолжительности жизни Life table

Таблица сопряженности признаков Contingency table

Таблица частот Frequency table

Тантили (итальянский термин) Tantiles

Тау коэффициент Гудмана-Крускаля Goodman—Kruskal tau

"Твердое" урезывание Hard clipping

Теорема Байеса Bayes' theorem

Теорема Бернулли Bernoulli's theorem

Теорема Бернштейна Bernstein's theorem

Теорема близости Proximity theorem

Теорема Винера-Хинчина Wiener—Khintchine theorem

Теорема Гаусса-Маркова Gauss—Markov theorem

Теорема Гливенко Glivinko's theorem

Теорема Гнеденко Gnedenko's theorem

Теорема Дармуа-Скитовича Darmois—Skitovich theorem

Теорема двойственности Dual theorem

Теорема де Финетти De Finetti's theorem

Теорема Кампелла Campbell's theorem

Теорема Колмогорова Kolmogrov's theorem

Теорема Колмогорова–Блаквэлла-Рао Blackwell's theorem

Теорема Колмогорова о трех рядах Three-series theorem

Теорема Кокрана (для квадратных форм) Cochran's theorem

Теорема Кокса (о последовательном тесте среднего нормальной популяции) Cox's theorem

Теорема Крэга (о квадратных формах) Craig's theorem

Теорема Лапласа Laplace's theorem

Теорема Лапласа–Леви (центральная передельная теорема) Laplace–Lévy theorem

Теорема Леви (первая предельная теорема) Lévy's theorem

Теорема Леви–Крамера Lévy–Cramér theorem

Теорема Линдеберга–Леви Lindeberg–Lévy theorem

Теорема Линдеберга–Феллера Lindeberg–Feller theorem

Теорема Ляпунова Liapounov's theorem

Теорема Найквиста–Шеннона Nyquist–Shannon theorem

Теорема разложения Вольда Wold's decomposition theorem

Теорема Райкова Raikov's theorem

Теорема Сакса Sach's theorem

Теорема Слуцкого Slutzky's theorem

Теорема стохастической аппроксимации Дворецкого Dvoretsky's stochastic approximation

Теорема Фиеллера Fieller's theorem

Теорема Ханта–Стейна Hunt–Stein theorem

Теорема Хинчина Khintchine's theorem

Теоретическая переменная Theoretical variable

Теоретические частоты Theoretical frequencies

Теория восстановления Renewal theory

Теория игр Game theory

Теория Лексиса Lexis theory

Теория Неймана–Пирсона Neyman–Pearson theory

Терминология Кенделла (в теории массового обслуживания) Kendall's terminology

Территориальная выборка Area sampling

Тесное касание High contact

Тест Criterion

Тест Кокрана (однородности дисперсий) Cochran's test

Тест обратимости во времени Time reversal test

Тест обратимости факторов Factor-reversal test

Тест-статистика Шермана Sherman's test statistic

Тест Хартли, основанный на отношении наибольшей дисперсии к наименьшей Maximum F-ratio

Тестовая статистика (статистика лежащая в основе критерия) Test statistic

Тестовая статистика Морана Moran's test statistic

Тесты (критерии) Питмана (для проверки гомогенности средних значений в нескольких выборках) Pitman's tests

Тесты рандомизации Randomisation tests

Тетрадная разность в корреляционной матрице, состоящей из двух строк и двух столбцов Tetrad difference

Тетрахорическая корреляция Tetrachoric correlation

Тетрахорическая функция Tetrachoric function

Тетрахорический показатель Tetrachoric correlation

Тип Type

Тип плана O:PP Design type O:PP

Типичная характеристика Typical characteristic

Тождественные категоризации Identical categorisations

Тождество Спицера Spitzer's identity

Толерантное (допустимое) распределение Tolerance distribution

Толерантные (допустимые) пределы Tolerance limits

Точечная оценка Point estimation

"Точечная" плотность Point density

Точечные процессы Point
    processes
Точечный метод выборки с
    географической карты
    Point sampling
Точка безразличия
    (индифферентности)
    Point of indifference
Точка, в которой знак
    отношения меняется с
    плюса на минус Down-
    cross
Точка контроля Point of
    control
Точка первого вхождения
    Point of first entry
Точка поворота Turning
    point
Точка с наименьшей суммой
    расстояния от заданных
    точек Median centre
Точка совпадения
    (пересечения) Con-
    currence, point of
Точность Accuracy;
    precision
Точный критерий хи-квадрат
    Exact Chi-squared test
"Точный" статистический
    метод "Exact"
    statistical method
Трансвариация Transvari-
    ation
Трансформация арксинуса
    Arc-sine transformation
Трансформация Вилсона–
    Хилферти Wilson–
    Hilferty transformation
Трансформация Гельмерта
    Helmert transformation
Трансформация Меллина
    Mellin transformation
Трансформация Фишера (для
    корреляционного
    коэффициента) Fisher's
    transformation

Трансформация Фишера для
    коэффициента
    корреляции Inverse tanh
    transformation; Fisher's
    transformation
Тренд Trend
Тренд заданный формулой
    Rational trend
Треугольная ассоциативная
    схема Triangular
    association scheme
Треугольно сцепленные
    блоки Triangular linked
    blocks
Треугольное распределение
    Triangular distribution
Треугольный критерий Duo-
    trio test; triangle test
Треугольный план Tri-
    angular design
Трех-точечное испытание
    (метод планирования
    биологических испытаний)
    Three-point assay
Трехмерная решетка Three-
    dimensional lattice
Триномиальное
    распределение Trinomial
    distribution
Тройная решетка Triple
    lattice
Тройные системы Стейнера
    Steiner's triple systems
Тройные сравнения Triple
    comparisons
Тщательное обследование
    Tightened inspection

Y_e статистика Багая
    Bagai Y_e statistic
Угловая трансформация
    Angular transformation
Угловой критерий Corner
    test
Укороченная инспекция
    Curtailed inspection
Укороченное испытание
    Curtailed inspection
Укороченный Curtate

Унимодальный Unimodal
Упорядоченная
    альтернатива Ordered
    alternative hypothesis
Упорядоченная
    категоризация Ordered
    categorization
Упорядоченная
    последовательность
    Ordered series
Упорядоченный ряд
    Ordered series; series
Уравнение в конечных
    разностях для
    стохастического
    процесса с неограниченно
    возрастающим средним
    Explosive stochastic
    difference equation
Уравнение оценки Esti-
    mating equation
Уравнение
    (рататабельного) плана
    Design equation
Уравнение (Фоккера–)
    Планка Fokker–Plank
    equation
Уравнение Юля Yule's
    equation
Уравнения Колмогорова
    Kolmogorov equations
Уравнения Колмогорова–
    Чэпмана Chapman–
    Kolmogorov equations
Уравнивающее значение
    Equalizing value
Уравновешенная выборка
    Balanced sample
Уравновешенное,
    сбалансированное
    перемешивание Balanced
    confounding
Урезывание Truncation
Уровень (критерия) Size
    (of a test)

Уровень значимости Size of a region; level of significance; significance level

Уровень отсчета Base

Уровень проникновения (во взаимнопроникающих выборках) Level of interpenetration

Усечение Truncation

Усиленный закон больших чисел Strong law of large numbers

Ускорение (вычислений или сходимости) путем возведения в степень Acceleration by powering

Ускоренный Фурье трансформ Fast Fourier transform

Условие Липшица Lipschitz condition

Условия Конюса Konyus conditions

Условная интенсивность отказов Conditional failure rate

Условная регрессия Conditional regression

Условная статистика Conditional statistic

Условная функция выживания (надежности) Conditional survivor function

Условная функция мощности Conditional power function

Условно несмещенная оценка Conditionally unbiassed estimator

Условное математическое ожидание Conditional expected value

Условное среднее Working mean

Условный Conditional

Условный критерий Conditional test

Условный тест Conditional test

Усредненный Average

Устойчивое состояние Persistent state

Устойчивость Persistency; robustness

Устойчивость (стабилизация) дисперсии Stabilization of variance

Устойчивый процесс (распределение) Stable process (distribution)

Фазовая диаграмма Phase diagram

Фактор Factor

Фактор затухания Damping factor

Фактор сравнимости по территориям Area comparability factor

Факториальная сумма Factorial sum

Факториальное распределение Ирвина Irwin distribution

Факториальные моменты Central factorial moments

Факториальный семиинвариант Factorial cumulant

Факторная матрица Factor matrix

Факторная нагрузка Factor loading

Факторное противоположение Factor antithesis

Факторный анализ Factor analysis

Факторный эксперимент Factorial experiment

Фидуциальная вероятность Fiducial probability

Фидуциальное распределение Fiducial distribution

Фидуциальные пределы Fiducial limits

Фидуциальный вывод Fiducial inference

Фиксированная выборка Fixed sample

Фи-коэффициент Phi-coefficient

Фильтр Filter

Флуктуация Fluctuation

Формула Абеля Abel's formula

Формула Кокрана Cochran's formula

Формула Кудера–Ричардсона Kuder–Richardson formula

Формула Мортара Mortara formula

Формула Поллачека Pollaczek's formula

Формула Поллачека–Хинчина Pollaczek–Khinchin formula

Формула Спенсера Spencer formula

Формула Эрланга Erlang's formula

Фундаментальный (брауновский) стохастический процесс Fundamental random process

Функция автоковариации Covariance function

Функция выживания Survivor function

Функция интенсивности смертности (опасности) Intensity function

Функция мощности Power function

Функция Пальма Palm function

Функция плотности Density function; frequency function

Функция потерь Loss function

Функция распределения Distribution function

Функция распределения Полиа второго порядка Pólya frequency function of order two

Функция распределения Уолкера Walker probability function

F-распределение Снедекора Snedecor's F-distribution

Хамминтование Hamming

Характеристика Characteristic

Харектеристическая функция Characteristic function

Характеристический корень Characteristic root

Хвост (распределения) Tail area (of a distribution)

"Холостая" переменная Dummy variable

"Холостое" наблюдение Dummy observation

"Холостой" вариант в экспериментальном плане Dummy treatment

Целочисленное линейное программирование Integer programming

Ценз Census

Цензурирование Consoring

Центр локации Centre ot location

Центр (размаха) Centre (of a range)

Центральная предельная теорема Central limit theorem

Центральная тенденция Central tendency

Центральный доверительный интервал Central confidence interval

Центральный момент Central moment

Центроидный метод Centroid method

Цепная биномиальная модель Chain binomial model

Цепной блочный план Chain block design

Цепочечный индекс Chain index

Цепь Chain

Цепь Маркова Markov chain

Цикл Cycle

Циклический неполный блочный план (предложенный Джоном) John's cyclic incomplete block design

Циклический план Cyclic design

Циклический порядок Cyclic order

Циклический ряд Cyclic series

Цилиндрически ротатабельный план Cylindrically rotatable design

Цифровая вычислительная машина Digital computer

Частичная ассоциация Partial association

Частичная ранговая корреляция Partial rank correlation

Частичная регрессия Partial regression

Частичная сопряженность признаков Partial contingency

Частично состоятельные наблюдения Partially consistent observations

Частично сцепленный блочный план Partially linked blocked design

Частично уравновешенный латинский квадрат Partially balanced lattice square

Частично уравновешенный неполный блочный план Partially balanced incomplete block design

Частично уравновешенный строй Partially balanced arrays

Частичное возвращение Partial replacement

Частичное замещение Partial replacement

Частичное перемешивание Partial confounding

Частичное повторение опыта Fractional replication

Частная корреляция Net correlation

Частный сериальный коэффициент корреляции Partial serial correlation coefficient

Частота Найквиста Nyquist frequency

Частотная теория вероятностей Frequency theory of probability

Частотный момент Frequency moment

Частоты в таблице сопряженности признаков в случае независимых признаков Independence frequency

Четное суммирование even summation

Четырехпольная таблица Fourfold tables

Чистая стратегия Pure strategy

Чисто случайный процесс Pure random process

Чистый процесс рождаемости Pure birth process

Чудесного квадрата план Magic square plan (design)

Шаблонная функция Pattern function

Шаговая регрессия Stepwise regression

"Шеститочечное" испытание Six-point assay

Шкала отношений Ratio scale

Эволюционные спектры Evolutionary spectra

Эволюционный процесс оптимизации Evolutionary operation

Эквивалентная доза Equivalent dose

Эквивалентное отклонение Equivalent deviate

Эквивалентность эффективностей Efficiency equivalence

Эквивалентные выборки Equivalent samples

Экспериментальная ошибка Experimental error

Экспоненциальная регрессия Exponential regression

Экспоненциально убывающие веса Exponential weights

Экспоненлиальное распределение Exponential distribution

Экспоненциальное сглаживание Exponential smoothing

Экстремальная интенсивность Extremal intensity

Экстремальная статистика Extremal statistic

Экстремальное отношение (отношение наибольшего наблюдения к наименьшему) Extremal quotient

Экстремальное среднее Extreme mean

Экстремальные значения Extreme values

Экстремальный процесс Extremal process

Эксцесс Kurtosis

Эксцесс выше эксцесса нормального распределения Leptokurtosis

Элемент вероятности Probability element

Элемент выборки Sample unit

Элемент выборочного плана Experimental unit

Элементарная единица (совокупности) Elementary unit

Элементарный квадратный участок Quad

Элементарный объем (совокупности) Elementary unit

Эллипс рассеяния Ellipse of concentration

Эмпирическая Байесова оценка Empirical Bayes' estimator

Эмпирическая кривая эффекта, построенная методом пробитов Probit regression line

Эмпирическая функция распределения Empirical distribution function

Эмпирический метод Freehand method

Эмпирический пробит Empirical probit

Эргодичность Ergodicity

Эффект Response

Эффект Крэга Craig effect

Эффект Слуцкого–Юля Slutsky–Yule effect

Эффективная единица Effective unit

Эффективная оценка Efficient estimator

Эффективность Efficiency

Эффективность Бахадура Bahadur efficiency

Эффективность (критерия) Efficiency (of a test)

Эффективность (в смысле) Крамера–Рао Cramér–Rao efficiency

Эффективность мощности Power efficiency

Эффективный размах (после удаления сильно отклоняющихся наблюдений) Effective range

---

U-образное распределение U-shaped distribution

U-статистика U-statistic

'U'-статистика Ватсона Watson 'U' statistic

U_l статистика Уилкса–Лоули Wilks'–Lawley U_l statistic

α-error   α-ошибка

α-index (of Pareto)
   α-индекс (Парето)

Abbe–Helmert criterion
   критерий Аббе-Гелмерта

Abel's formula   формула
   Абеля

Abnormal curve
   анормальная кривая

Abnormality   анормальность,
   отклонение от
   нормального

Abnormality, index of
   индекс анормальности

Abrupt distribution
   "обрывистое"
   распределение;
   непрерывное
   распределение, у
   которого в концевой
   точке либо плотность,
   либо производная
   плотность отличны от
   нуля

Absolute deviation
   абсолютное отклонение,
   абсолютная девиация

Absolute difference

Absolute error   абсолютная
   ошибка, абсолютная
   погрешность

Absolute frequency
   абсолютная частота

Absolute measure
   абсолютная мера

Absolute moments
   абсолютные моменты

Absolutely unbiassed estimate
   абсолютно несмещенная
   оценка

Absorbing barrier
   поглощающий барьер,
   поглощающий экран

Absorbing Markov chain
   поглощающая цепь
   Маркова

Absorbing region
   поглощающая область

Absorbing state
   поглощающее или
   абсорбирующее состояние

Accelerated stochastic
   approximation   (Метод)
   улучшения стохастического
   приближения
   (предложенный Кестеном)

Acceleration by powering
   ускорение (вычислений
   или сходимости) путем
   возведения в степень

Acceptable quality level
   допустимая доля
   дефективных изделий

Acceptable reliability level
   допустимый уровень
   надежности

Acceptance boundary
   граница приемки

Acceptance control chart
   контрольная карта для
   приемки

Acceptance inspection
   приемочный контроль

Acceptance line
   приемочная линия

Acceptance number
   приемочное число,
   допустимое число

Acceptance region   область
   приемки

Accumulated deviation
   накопленное отклонение

Accumulated process
   аккумулированный процесс

Accuracy   точность

Adaptive optimisation
   адаптивная оптимизация

Addition, of variates
   сложение случайных
   величин

Additive model   аддитивная
   модель

Additive property of χ^2
   аддитивное свойство хи-
   квадрата

Additive (random walk)
   process   Аддитивный
   процесс

Additivity of means
   аддитивность средних

Admissible decision function
   допустимая решающая
   функция

Admissible hypothesis
   допустимая гипотеза

Admissible numbers
   допустимые числа

Admissible strategy
   допустимая стратегия

Admissible test
   допустимый тест

Affinity   аффинность;
   аффинитет

Age dependent birth and death
   process   процесс
   размножения и гибели
   зависящий от возраста

Age dependent branching
   process   ветвящийся
   процесс завпсящий от
   возраста

Aggregation   агрегация,
   собирание

Aggregative index
   составной индекс

Aggregative model
   составная модель

Agreement, coefficient of
   коэффициент согласования

Aitken estimator   оценка
   Эйткина (минимизирующая
   обобщенную дисперсию)

Aleatory variable
   случайная величина

Algorithm   алгорифм

Alienation, coefficient of
   коэффициент
   чужеродности

Allocation of a sample
   расположение объектов в
   выборке

Allokurtic   разноэксцессный

Allowable defects
допустимое число
дефективных изделий (в
выборке)

Almost certain   почти
достоверный

Almost stationary   почти
стационарный

Alphabet   алфавит

Alter periodogram
периодограмма Алтера

Alternating renewal process
альтернирующий процесс
восстановления

Alternative hypothesis
альтернативная гипотеза

Amount of information
количество информации

Amount of inspection
объем инспекции

Amplitude   амплитуда

Amplitude ratio
амплитудное отношение

Analogue computer
аналоговая
вычислительная машина

Analysis of covariance
ковариционный анализ

Analysis of dispersion
многомерный
дисперсионный анализ

Analysis of variance
дисперсионный анализ

Analytic regression
аналитическая регрессия

Analytic trend
аналитический тренд;
систематическое смещение

Ancillary information
дополнительная
информация, подчиненная
информация

Ancillary statistics
подчиненная статистика

Anderson—Darling statistic
статистика Андерсона-
Дарлинга (видоизменение
статистики критерия
Крамера—Мизеса)

Angular transformation
угловая трансформация

Anomic   аномическая

Antimode   антимода

Antiseries   антисерии

Antithetic transforms
антитетическое
преобразование
(случайных величин)

Antithetic variates
антитетические
(случайные) величины

Approximation error   ошибка
аппроксимации

Arbitrary origin
произвольное начало

Arc-sine distribution
арксинус-распределение

Arc-sine transformation
трансформация арксинуса

Area comparability factor
фактор сравнимости по
территории

Area sampling
территориальная выборка

Arfwedson distribution
распределение Арфведсона

Arithmetic distribution
арифметическое
распределение

Arithmetic mean
арифметическое среднее

Array,   строй, столбец

Arrival distribution
распределение прибытий;
распределение
поступлений

Ascertainment error   ошибка;
связанная с качеством
выборочного обследования

Associate class
сопряженный
(ассоциированный) класс
(экспериментального
плана)

Association   ассоциация

Association, coefficient of
коэффициент ассоциации

Association scheme   схема
ассоциации

Assumed mean   "рабочее"
среднее

Asymmetric distribution
асимметричное
распределение

Asymmetric factorial design
асимметричный
факториальный план

Asymmetrical test
асимметричный критерий;
асимметричный тест

Asymmetry   асимметрия

Asymptotic Bayes procedure
асимптотическая байесова
процедура

Asymptotic distribution
асимптотическое
распределение

Asymptotic efficiency
асимптотическая
эффективность

Asymptotic normality
асимптотическая
нормальность

Asymptotic relative efficiency
асимптотическая
относительная
эффективность

Asymptotic standard error
асимптотическая
стандартная ошибка

Asymptotically efficient
estimator   асимптотически
эффективная оценка

Asymptotically locally optimal
design   асимптотически
локально оптимальный
план

42

Asymptotically most powerful test асимптотически наиболее мощный критерий

Asymptotically optimal test асимптотически оптимальный критерий

Asymptotically stationary асимптотически стационарный

Asymptotically subminimax асимптотически субминимаксный

Asymptotically unbiased estimator асимптотически несмещенная оценка

Attenuation затухание; изменение корреляции вследствие погрешностей

Attraction, index of индекс притяжения

Attribute качественное свойство, атрибут, признак

Attribute, inspection by инспекция при помощи атрибутов

Attribute, sampling for выбор качественных признаков

Atypical characteristic нетипичная характеристика

Auto-catalytic curve вид кривой роста

Autocorrelation автокорреляция

Autocorrelation coefficient коэффициент автокорреляции

Autocorrelation function автокорреляционная Функция

Autocovariance автоковариация

Autocovariance function автоковариационная функция

Autocovariance generating function автоковариационная производящая функция

Autonomous equations автономные (структурные) уравнения

Autoregression авторегрессия

Autoregressive model авторегрессивная модель

Autoregressive process авторегрессивный процесс

Autoregressive series авторегрессивный ряд

Autoregressive transformation авторегрессивное преобразование

Auto spectrum авто-спектр

Average среднее число; средний; усредненный

Average amount of inspection среднее количество инспекции

Average corrections (for grouping) средние группировочные поправки

Average critical value method метод среднего критического значения

Average deviation среднее отклонение

Average inaccuracy средняя неточность

Average of relatives средняя относительных

Average outgoing quality level средний уровень выходного качества

Average outgoing quality limit верхний предел среднего выходного качества

Average quality protection среднее обеспечение (ограждение) качества

Average run length средняя длительность (выборочной) имспекции

Average sample number curve кривая среднего объема инспекции

Average sample number (ASN) function функция среднего объема инспекции

Average sample run length средняя длительность выборочной инспекции

Axonometric chart стереограмма

β-error β-ошибка

Bachelier process процесс Башелье

Backward equations обратные уравнения (Колмогорова)

Bagai Ye statistic Ye статистика Багая

Bahadur efficiency эффективность Бахадура

Balanced confounding уравновешенное, сбалансированное перемешивание

Balanced differences сбалансированные разности

Balanced factorial experimental design сбалансированный факториальный план

Balanced incomplete block сбалансированный неполный блок

Balanced lattice square сбалансированная квадратная решетка

Balanced sample сбалансированная выборка; уравновешенная выборка

Ballot theory задача баллотировки

Band chart "ленточная" диаграмма

Bar chart гистограмма

Bartholomew's problem проблема Бартоломью (в теории оценивания)

Bartlett and Diananda test критерий Бартлетта и Диананда

Bartlett relation соотношение Бартлетта

Bartlett's collinearity test критерий коллинеарности Бартлетта

Bartlett's decomposition разложение Бартлетта (распределения Уишарта)

Bartlett's test критерий Бартлетта

Bartlett's test of second order interaction критерий Бартлетта для взаимодействий второго порядка

Base база, базис, уровень отсчета

Base line базисная линия

Base period базовый период, базисный период

Base reversal test критерий обратимости уровней индекса

Base weight основной вес

Basic cell основная клетка

Batch variation варьирование внутри группы

Bates—Neyman model модель Бэйтса-Неймана

Battery of tests набор тестов (термин употребляемый в психологии,

Bayes' estimation оценка Байеса, байесова оценка

Bayes' postulate постулат Байеса

Bayes' risk байесов риск

Bayes' solution байесовское решение

Bayes' strategy байесов стратегия

Bayes' theorem теорема Байеса

Bayesian inference байесов статистический вывод

Bayesian probability point байесов длверительный предел

Beall—Rescias generalization of Neyman's distribution обобщение распределения Неймана

Behrens—Fisher test критерий Беренса-Фишера

Behrens' method метод Беренса

Bell-shaped curve колоколобразная кривая

Berge's inequality неравенство Берже (Чебышевского типа)

Bersonian line разделительная линия Берсона

Bernoulli distribution распределение Бернулли

Bernoulli numbers числа Бернулли

Bernoulli polynomial многочлен Бернулли, полином Бернулли

Bernoulli's theorem теорема Бернулли

Bernoulli trials испытания Бернулли

Bernoulli variation вариация Бернулли

Bernstein's inequality неравенство Бернштейна

Bernstein's theorem теорема Бернштейна

Berry's inequality неравенство Берри-Эссеена

Bessel function distribution функция распределения Бесселя

Best asymptotically normal estimator наилучшая асимптотически нормальная оценка (или оценочная функция)

Best critical region наилучшая критическая область

Best estimator наилучшая оценка

Best fit наилучшая пригонка

Best linear unbiassed estimator наилучшая линейная несмещенная оценка

Beta-coefficients бета-коэффициенты

Beta-distribution бета-распределение

Beta probability plot графическое изображение распределений бета (бэта)

Between-group variance междугрупповая дисперсия

Bhattacharya's bounds границы Бхаттачария

Bhattacharya's distance расстояние Бхаттачария

Bias, смещение, систематическая ошибка

Biassed estimator смещенная оценка

Biassed sample смещенная выборка, пристрастная выборка

Biassed test смещенный критерий

Bienayme—Tchebychev inequality неравенство Чебышева-Бьенэме

Bifactor model
двухфакторная модель

Bilateral exponential
двустороннее
экспоненциальное
распределение

Bimeasurable transformation
дважды измеримая
трансформация

Bimodal distribution
бимодальное
распределение

Binary experiment
двоичный опыт (с двумя
исходами)

Binary sequence
двоичная последо-
вательность

Binomial distribution
биномиальное
распределение

Binomial index of dispersion
биномиальный индекс
дисперсии

Binomial probability paper
биномиальная
вероятностная бумага

Binomial variation
биномиальная вариация

Binomial waiting time distribution   отрицательное
биномиальное
распределение

Bipolar factor   биполярный
фактор

Bipolykays   двумерные
поликеи

Birnbaum—Raymond—
Zuckerman inequality
неравенство Бирнбаума-
Зукермана

Birth-and-death process
процесс размножения и
гибели; процесс
рождаемости и смерти

Birth, death and immigration
process   процесс

размножения, гибели и
иммиграции

Birth-process   процесс
размножения; процесс
рождаемости; процесс
рождения

Birth-rate   коэффициент
рождаемости

Biserial correlation
бисериальная корреляция

Bispectrum   биспектр

Bit   бит; двоичная цифра;
разряд

Bivariate binomial distribution
двумерное
распределение

Bivariate distribution
двумерное распределение

Bivariate logarithmic distribution   двумерное
логарифмическое
распределение

Bivariate logarithmic series
distribution   двумерное
логарифмическое
распределение

Bivariate multinomial distribution   двумерное
(двухвекторное)
мультиномиалтное
распределение

Bivariate negative binomial
distribution   двумерное
отрицательное
биномиальное
распределение

Bivariate normal distribution
двумерное нормальное
распределение

Bivariate Pareto distribution
двумерное Парето
распределение

Bivariate Pascal distribution
двумерное распределение
Паскаля

Bivariate sign test
двумерный критерий
знаков

Bivector multinomial distribution   двумерное
(двухвекторное)
мультиноминальное
распределение

Blackwell's theorem
теорема Колмогорова-
Блаквэлла-Рао

Blakeman's criterion
критерий Блакмана

Block   блок

Block diagram
столбиковая диаграмма

Blum approximation
аппроксимация Блюма

Bock's three-component
model   модель трех
компонент Бока

Boole's inequality
неравенство Буля; булево
неравенство

Borel—Cantelli lemma
Бореля–Кантелли лемма

Borel-Tanner distribution
распределение Бореля-
Таннера

Bose distribution
распределение Бозе

Bose—Einstein statistics
статистика Бозе-
Эйнштейна

Bounded completeness
ограниченная полнота

Bowley index   индекс
Боули

Box—Jenkins model
модель Бокса-
Дженкинса

Bose—Jenkins predictor
формула предсказывания
(прогноза) Бокса-
Дженкинса

Branching Markov process
ветвящийся марковский
процесс

Branching Poisson process
ветвящийся пуассоновский
процесс
Branching process
ветвящийся процесс
Branching renewal process
ветвящийся процесс
восстановления
Brandt—Snedecor method
метод Брандта-
Снедекора (формула для
расчета χ^2
Bravais correlation coefficient
коэффициент корреляции
Бравэса (корреляционный
член в выражении для
двумерной нормальной
дисперсии)
Brownian motion process
брауновский процесс
Brown's method метод
прогноза Брауна
Bruceton method метод
"вверх и вниз"
Bulk sampling выборка из
кучи
Bunch-map analysis
конфлюэнтный анализ
Burkholder approximation
аппроксимация
Бэркхолдера
Burr's distribution
распределение Бурра
(Бэрра)
Busy period период
занятости

Call-back повторный
визит; повторное посещение
Campell's theorem
теорема Кампелла
Camp—Meidell inequality
неравенство Кампа—
Мейделла
Cannonical variates (corre-
lations) канонические
случайные величины
(корреляции)

Cantelli's inequality
неравенство Кантелли
Capture release sampling
выборочное обследование
совокупности диких
животных
Carleman's criterion критерий
Карлемана
Carli's index индекс Карли
Carrier variable "несущая"
варианта (в факториальном
эксперименте)
Cartogram картограмма
Cascade process каскадный
процесс
Categotical distribution
категорическое
распределение
Category категория
Cauchy distribution
распределение Коши
Causal chain model
причинная цепная модель
Cause variable вырожденная
(детерминированная)
случайная величина
Cause variable причинная
переменная
Cell frequency групповая
частота
Censoring цензурирование
Census ценз; перепись
Census distribution
"переписное"
распределение (термин
предложенный Скелламом и
Шентоном)
Centile перцентиль
Central confidence interval
центральный
доверительный интервал
Central factorial moments
факториальные моменты
Central limit theorem
центральная предельная
теорема

Central moment
центральный момент
Central tendency
центральная тенденция
Centre (of a range) центр
(размаха)
Centre of location центр
локации
Centroid method
центроидный метод
Chain цепь
Chain binomial model
цепная биномиальная
модель
Chain block design
цепной блочный план
Chain index цепочечный
индекс
Champernowne distributions
распределения
Чамперноуна
Chance constraint
случайная связь
(ограничение)
Chance variation
случайное
варьирование
(вариация)
Changeover trial
скрещенный опыт;
переменный опыт
Channel degrees of free-
dom канал
степеней свободы
Chapman—Kolmogorov
equations уравнения
Колмогорова-Чэпмана
Characteristic
характеристика
Characteristic function
характеристическая
функция

Characteristic root
характеристический
корень

Charlier distribution
распределения Шарлье

Charlier polynomials
многочлены Шарлье

Chi distribution
распределения хи,
распределение χ

Chi-squared distribution
распределения хи-квадрат,
распределения χ^2

Chi-squared statistic
статистика хи-квадрат,
статистика χ^2

Chi-squared test   критерий
хи-квадрат

Chi-statistic   статистика
хи, статистика χ

Chunk sampling   выбор
"выхватыванием"

Cigarette card distribution
распределение
"сигаретных картонок"

Circular chart   круговая
диаграмма

Circular distribution
круговое распределение,
периодическое
распределение

Circular formula   круговая
формула

Circular serial correlation
coefficient   круговой
сериальный коэффициент
корреляции

Circular test   круговой тест

Circular triads   круговые
триады

Class, класс; группа

Class mark   середина
интервала группировки

Classification statistic
классифицирующая
статистика

Clipped time series
"подрезанный" временный
ряд

Clisy клитический

Clitic curve   разновидность
кривой регрессии

Closed-ended question
вопрос допускающий
ограниченное число
ответов

Closed sequential scheme
замкнутая
последовательная схема

Closed sequential t-test
замкнутый
последовательный тест
Студента

Closeness, in estimation
точность оценки

Cluster   гнездо;
скопление

Cluster analysis
гнездовой анализ

Cluster sampling   гнездовой
выбор

Cochran's criterion
критерий Кокрана (для
выборок с взаимно
сопоставляемыми членами)

Cochran's formula   формула
Кокрана (в множествен-
ном регресионном
анализе)

Cochran's Q-test   Q-тест
Кокрана

Cochran's rule   правило
Кокрана (для
аномальных наблюдений)

Cochran's test   тест
Кокрана (однородности
дисперсий)

Cochran's theorem   теорема
Кокрана (для квадрат-
ных форм)

Coefficient   коэффицинент

Coefficient of quartile
variation   коэффициент
интерквартильной
вариации

Cograduation
коградуирование

Cograduation, Gini's index of
индекс коградуирования
Джини (Гини);
коэффициент ранговой
корреляции

Coherency   когерентность;
согласованность;
коэффициент связи

Coherent structure
согласованная структура
(в теории надежности
много-компонетных
объектов)

Collapsed stratum method
метод стягивающихся
слоев

Collective marks, method of
коллективных "отметок"
Данцига

Colligation   степень связи
между признаками

Combination of test
комбинация тестов

Combinational power mean
комбинаторное степенное
среднее

Combinatorial test
комбинаторный критерий

Common factor   простой
фактор

Common factor space
пространство простых
факторов

Common factor variance
относительная дисперсия
простых факторов

Communality   относительная
дисперсия простых
факторов

Communicate   сообщаться

Communicating class
сообщающий класс (в
цепи Маркова)

Compact serial cluster
сериальное скопление

Comparative mortality figure
отношение фактической
смертности к стандартной

Comparative mortality index
сравнительный
(относительный) индекс
смертности

Compensation error   ошибка
компенсации

Competition process
процесс соревнований
(двумерный процесс
рождаемости и гибели)

Complete class (of decision
functions)   полный класс
(решающих функций)

Complete class (of tests)
полный класс (тестов)

Complete correlation matrix
полная корреляционная
матрица

Complete regression
полная регрессия

Complete system of equations
полная система
уравнений

Completely balanced lattice
square   полностью
уравновешенный
решетчатый квадрат

Completely randomised design
полностью
рандомизированный план

Completeness   полнота

Complex abnormal curve
сложная анормальная
кривая

Complex demodulation
комплексная демодуляция

Complex experiment
составной экспримент

Complex Gaussian distribution   комплексное
гауссово (нормальное)
распределение

Complex table   составная
таблица

Complex unit   составная
единица

Complex Wishart distribution
комплексное
распределение Уишарта

Component analysis
анализ компонент;
факторный анализ

Component bar chart
составная гистограмма

Component of interaction
компонента
взаимодействия

Compnent of variance
компонента дисперсии

Composite hypothesis
сложная гипотеза

Composite index-number
составной индекс

Composite sampling scheme
сложная выборочная
схема

Compound frequency distribution   осредненная
плотность распределения

Compound hypergeometric
distribution   сложное
гипергеометричкское
распределение

Compound negative multi-
nomial distribution
сложное отрицательное
мультиномиальное
распределение

Compound Poisson distribution   сложное
пуассоновское
распределение

Compressed limits   сжртые
пределы; пределы внутри
поля допуска

Concentration
концентрация

Concentration, coefficient of
коэффициент рассеяния

Concentration, curve of
кривая рассеяния

Concentration, ellipse of
эллипс рассеяния

Concentration, index of
индекс концентрации
(рассеяния) Джини

Comcomitance
сопутствование

Concordance   соответствие;
согласие

Concordance, coefficient of
коэффициент согласия

Concordant sample
согласованная выборка

Concurrent deviation
совпадение отклонений
по знаку

Concurrence, point of   точка
совпадения (пересечения)

Conditional   условный

Conditional expected value
условное математическое
ожидание

Conditional failure rate
условная интенсивность
отказов

Conditional power function
условная функция
мощности

Conditional regression
условная регрессия

Conditional statistic
условная статистика

Conditional survivor function
условная функция
выживания (надежности)

Conditional test   условный
критерий; условный
тест

Conditionally unbiassed
estimator   условно
несмещенная оценка

Confidence belt
доверительный пояс

Confidence coefficient
доверительный
коэффициент; коэффициент
доверия

Confidence curves
доверительные кривые

Confidence interval
доверительный интервал

Confidence level
доверительный уровень

Confidence limits
доверительные пределы

Configuration конфигурация

Confluent analysis
конфлюэнтный анализ

Confluent relation
конфлюэнтная связь

Conformity согласие;
соответствие

Confounding переплетение;
смешивание

Congestion problems задачи
массового обслуживания

Conjugate Latin squares
сопряженные латинские
квадраты

Conjugate ranking
сопряженная ранжировка

Connection связь

Connection, index of
индекс связи

Conservative process
консервативный процесс

Conservative confidence
interval консервативный
доверительный уровень

Consistence, coefficient of
коэффициент
состоятельности

Consistent estimator
состоятельная оценка

Consistent test
состоятельный критерий;
состоятельный тест

Constraint связность;
ограничение

Consumer price index
индекс цен потребителя

Consumer's risk риск
потребителя

Contagious distribution
распределение
заражения;
распределение
последействия

Contaminated distribution
"загрязненное"
распределение

Contingency сопряженность
признаков

Contingency, coefficient of
коэффициент
сопряженности

Contingency table таблица
сопряженности признаков

Continuity непрерывность

Continuity correction
поправка на непрерывность
(поправка Иэйтса)

Continuous population
непрерывная генеральная
совокупность

Continuous probability law
непрерывное
распределение вероят-
ностей; непрерывный
закон распределения

Continuous process
непрерывный процесс

Continuous sampling plan
план контроля для
непрерывного
производства

Contour level

Contragraduation
контраградуирование

Contrasts контрасты

Control контроль;
регулирование

Control chart контрольная
диаграмма

Control of substrata
регулирование подслоя

Control limits контрольные
пределы

Controlled process
контролируемый процесс

Convergence in measure
сходимость по мере

Convergence in probability
сходимость по
вероятности

Convolution конволюция;
свертка

Coordinatograph
координатограф

Corner test угловой
критерий

Cornish—Fisher expansion
разложение Корниша-
Фишера

Corrected moment
исправленный момент

Corrected probit
исправленный пробит

Correction for continuity
поправка на
непрерывность

Correction for grouping
поправка на группировку

Correction for abruptness
поправка на обрывистость

Correlation корреляция

Correlation, coefficient of
коэффициент корреляции

Correlation index индекс
корреляции

Correlation matrix
корреляционная матрица

Correlation ratio
корреляционное
отношение

Correlation surface
корреляционная
поверхность

Correlation table
корреляционная таблица

Correlogram   коррелограмма
Cospectrum   ко-спектр
Cost function   функция
стоимости
Counter model type I   модель
счетчика типа I
Counter model type II
модель счетчика типа II
Counting distribution
"считающее"
распределение;
распределение счета
Covariance   ковариация
Covariance analysis
ковариционный анализ
Covariance function
функция автоковариации
Covariance matrix
ковариционная матрица;
матрица ковариаций
Covariance stationary process
ковариционно-
стационарный процесс
Covariation   ковариация;
совместная вариация
нескольких величин
Coverage   охват; покрытие
Cox's theorem   теорема
Кокса (о последовательном
тесте среднего
нормальной популяции)
Craig effect   эффект Крэга
Craig's theorem   теорема
Крэга (о квадратных
формах)
Cramér–Rao efficiency
эффективность (в смысле)
Крамера–Рао
Cramér–Rao inequality
неравенство Крамера–Рао
Cramér–Tchebychev in-
equality   неравенство
Крамера–Чебышева
Cramér–von Mises test
критерий Крамера–Мизеса
Criterion   критерий; тест

Critical quotient
критическое частное
(Гумбеля)
Critical region   критическая
область
Critical value   критическое
значение
Cross-amplitude spectrum
перекрестный спектр
амплитуд
Cross-correlations
перекрестные корреляции
Cross intensity function
перекрестная функция
интенсивности
Cross-over design
скрещенный план
Cross spectrum
перекрестный спектр
Crossed classification
скрещеная классификация;
перекрестная
классификация
Crossed factors   скрещеные
факторы
Crossed-weight index number
скрещенно взвешенный
индекс
Crude moment
нецентральный момент;
момент без поправок
Crypto-deterministic process
криптодетерминированный
процесс
C.M.S. test   критерий
значимости Барнарда для
дихотомных наблюдений
Cubic designs with three
associate classes
кубический план с тремя
ассоциированными
классами
Cubic lattice   кубическая
решетка
Cuboidal lattice design
кубообразный решетчатый
план

Cumulant   кумулянта
Cumulant generating function
кумулянтная
производящая функция;
производящая функция
семиинвариантов
Cumulative distribution
(probability) function
кумулятивная функция
распределения
Cumulative error
накопленная ошибка
Cumulative frequency (probability) function
кумулятивная функция
частоты
Cumulative frequency (probability) curve
кумулятивная кривая
распределения
Cumulative normal distribution   кумулятивное
нормальное распределение
Cumulative process
кумулятивный процесс
Cumulative sum chart   карта
накопленных сумм
Cumulative sum distribution
распределение
нарастающих сумм
Curtailed inspection
укороченная инспекция;
укороченное испытание
Curtate   укороченный
Curve fitting   выравнивание
кривых; пригонка кривых;
сглаживание кривых
Curvilinear correlation
криволинейная
корреляция
Curvilinear regression
криволинейная регрессия
Curvilinear trend
криволинейный тренд
Cut-off   отсечка;
отбрасывание
Cycle   цикл

Cyclic design циклический план

Cyclic order циклический порядок

Cyclic series циклический ряд; периодический ряд

Cylindrically rotatable design цилиндрически ротатабельный план

D^2 statistic статистика D^2

D_n^* statistic статистика D_n^*

δ-index (of Gini) Джини (Гини) δ-индекс

Damped oscillation затухающее колебание

Damping factor фактор затухания

Dandekar's correction корректировка Дандекара

Darmois—Koopman's distribution распределение Дармуа-Купмэна

Darmois—Skitovich theorem теорема Дармуа-Скитовича

De Finetti's theorem теорема Финетти

Death rate коэффициент смертности

Decapitated negative binomial distribution отрицательное биномиальное распределение с усеченным нулевым классом

Decile дециль

Decision function решающая функция

Decision space пространство решения

Decomposition разложение; расчленение

Decreasing hazard rate невозрастающая опасность отказа

Deep stratification глубокая стратификация; глубокое расслоение

Defective probability distribution неполное распределение вероятностей

Defective sample дефективная выборка

Defective unit дефективная единица

Defining contrast определяющий контраст

Degenerate distribution вырожденное распределение

Degree of belief. мера уверенности

Degrees of freedom степени свободы

Degrees of randomness степени случайности

Demodulation демодуляция

Density functionn функция плотности

Departure process процесс отхождений

Dependence зависимость

Dependent variable зависимая переменная

Derived statistics производная стстистика

Descriptive indices описательные индексы

Descriptive statistics описательная статистика

Descriptive survey описательное выборочное обследование

Design equation уравнение (ротатабельного) плана

Design matrix матрица планирования

Design type O:PP тип плана O:PP

Destructive test разрушительная инспекция

Determination, coefficient of коэффициент детерминации; квадрат смешанной корреляции

Determining variable неслучайная предсказанная величина; независимая переменная регрессии

Deterministic distribution вырожденное распределение

Deterministic model детерминистическая модель

Deterministic process детерминистический процесс

Detrimental variable добавочная "вредная" случайная величина в конфлюэнтном анализе

Deviance сумма квадратов выборочных отклонений от среднего

Deviate девиация

Diagonal regression диагональная регрессия

Dichotomy дихотомия

Difference sign test критерий знаков (первых) разностей

Differential process аддитивный процесс

Diffusion process диффузионный процесс

Digital computer цифровая вычислительная машина

Dilution series "разбавленный" ряд (в биометрическом анализе)

Direct correlation прямая корреляция

Direct probability прямая вероятностъ

Direct sampling "прямой" выбор

Dirichlet distribution распределение Дирихле

Disarray, coefficient of коэффициент перестановки; коэффициент тау Кенделля

Discontinuous process
прерывный процесс
Discontinuous variable
прерывная (дискретная)
случайная величина
Discordance
несогласованность;
диссонанс
Discordant sample
диссонирующая выборка
Discounted least-squares
method
"дисконтированный"
метод наименьших
квадратов
Discrepance сумма
квадратов ошибки (в
дисперсионном анализе)
Discrete lognormal distribution дискретное
логнормальное
распределение
Discrete normal distribution
дискретное нормальное
распределение
Discrete Pareto distribution
дискретное
распределение Парето
Discrete power series distribution дискретное
степенное распределение
Discrete probability law
дискретное
распределение
вероятностей;
(дискретный
вероятностный закон)
Discrete process
дискретный процесс
Discrete rectangular distribution дискретное
равномерное распреде-
ление
Discrete type III distribution
дискретное распределение
Пирсона III типа
Discrete variate
дискретная случайная
величина

Discriminatory analysis
дискриминаторный анализ;
методы классификации
Dishonest process
"нечестный" процесс;
патологический процесс
Disnormality отклонение
от нормального (распре-
деления)
Dispersion дисперсия
рассеяние
Dispersion index индекс
дисперсии; индекс
рассеяния
Dispersion matrix
дисперсионная матрица;
ковариационная матрица
Dispersion-stabilizing transformation трансформация
стабилизирующая
обобщенную дисперсию
Displaced Poisson distribution
"перемещенное"
распределение Пуассона
Disproportionate sub-class
numbers непропорцио-
нальные численности в
подклассах
Dissection (of heterogeneous
distribution) разбиение
(сложного распределения
на компоненты)
*Dissimilarity, index of
индекс неподобности
(итальянский термин)
*Dissymmetry асимметрия
Distance расстояние
Distributed lag "распре-
деленный" лаг (в
корреляционном анализе
временных рядов)
Distribution curve кривая
распределения
Distribution-free method
метод свободный от
распределений

Distribution-free sufficiency
свободная от распре-
делений достаточность
Distribution of run lengths
распределение длин серий
Disturbancy, coefficient of
коэффициент "возмущения"
(отклонения от
бернуллиевой случайной
величины)
Disturbed harmonic process
возмущенный
гармонический процесс
Disturbed oscillation
возмущенное колебание
Divergence, coefficient of
коэффициент расхождения
*Dividing value разде-
ляющее значение
(итальянский термин)
*Divisia's index индекс
Дивисиа
Divisia—Roy index индекс
Дивисия–Роя
Dixon's statistics
статистики Диксона
Dodge continuous sampling
plan непрерывный
выборочный план Доджа
Domain of study область
Dominating strategy
доминирующая стратегия
Doolittle technique метод
Дулиттла
Dose metameter
преобразованная доза
Double binomial distribution
двойное биномиальное
распределение
Double confounding двойное
переплетение (в теории
планирования
экспериментов)
Double dichotomy двойная
дихотомия

Double exponential distribution двойное показательное распределение

Double exponential regression двойная экспоненциальная регрессия

Double hypergeometric distribution двойное гипергеометрическое распределение

Double logarithmic chart двойная логарифмическая диаграмма (карта с логарифмической шкалой на обеих осях)

Double Pareto curve двойная кривая Парето

Double Poisson distribution двойное пуассоновское распределение

Double-ratio estimator оценка на основе двух отношений

Double reversal design двойной обратимый план

Double sampling двойной выбор; двустепенчатый выбор

Doubly stochastic matrix дважды стохастическая матрица

Doubly stochastic Poisson process дважды стохастический пуассоновский процесс

Double-tailed test двусторонне ограниченный тест

Down-cross точка, в которой знак отношения меняется с плюса на минус

Downward bias смещение вниз; заничение

Dragstedt–Behrehs' method метод Драгстедта–Беренса

Dual process дуальный процесс; двойственный процесс

Dual theorem теорема двойственности

Dummy observation холостое наблюдение

Dummy treatment "холостой" вариант в экспериментальном плане

Dummy variable "холостая" переменная

Duncan's test критерий Дункана

Duo-trio test треугольный критерий

Duplicate sample дублирующая выборка; дубликат выборки

Duplicated sample выборка произведенная дважды (для проверки общих выборочных элементов)

Durbin's modification модификация Дурбина (для улучшения мощности теста)

Durbin–Watson statistic статистика Дурбина–Уатсона

Dvoretsky's stochastic approximation theorem теорема стохастической аппроксимации Дворецкого

Dynamic model динамическая модель

Dynamic programming динамическое программирование

Dynamic stochastic process динамический стохастический процесс

Edgeworth index индекс Эджворта

Edgeworth's series ряд Эджворта

Effect variable зависимая переменная

Effective range эффективный размах (после удаления сильно отклоняющихся наблюдений)

Effective unit эффективная единица

Efficiency эффективность

Efficiency equivalence эквивалентность эффективностей

Efficiency factor коэффициент эффективности

Efficiency index индекс эффективности (кривых выживания)

Efficiency (of a test) эффективность (критерия)

Efficient estimator эффективная оценка; наиболее эффективная оценка

Ehrenfest model модель Эренфестов (Эренфеста)

Eigenvalue собственное значение

Eisenhart models модели Эйзенхарта

Elementary unit элементарная единица (совокупности)

Elementary unit элементарный объем (совокупности)

Elfving distribution распределение Элфвинга

Empirical Bayes' estimator эмпирическая байесова оценка

Empirical distribution function эмпирическая функция распределения

Empirical probit эмпирический пробит

Empty-cell test критерий пустых ячеек (групп)

End corrections   поправки на крайние значения

Endogenous variate внутрисистемная случайная величина

Engset distribution распределение Энгсета

Ensemble   ансамбль; множество реализаций стохастического процесса

Ensemble average осреднение по ансамблю

Entry-plot   входной участок (для упорядоченной группы элементов) в выборке

Envelope power function огибающая функция мощности

Envelope risk function огибающая функция риска

EPSEM sampling выборочный метод с равновероятностным отбором

Equal ignorance, principle of принцип равного (одинакового) незнания

Equalising value уравнивающее значение (итальянский термин)

Equal probability of selection method   метод равновероятностного отбора

Equal-tails test симметрично ограниченный критерий

Equally correlated distribution равнокоррелированное (многомерное) распределение

Equidetectability, curve of кривая постоянного выявления (в теории Неймана–Пирсона)

Equidistribution, line of линия постоянного распределения

Equilibrium   равновесие

Equilibrium distribution равновесное (стационарное) распределение

Equitable game   безобидная игра

Equivalent deviate эквивалентное отклонение; отклонение, соответствующее данной накопленной вероятности

Equivalent dose эквивалентная доза

Fquivalent samples эквивалентные выборки

Ergodicity   эргодичность

Erlang distribution распределение Эрланга

Erlang's formula   формула Эрланга

Error   ошибка; погрешность

Error band   интервал между доверительными границами

Error in equations   ошибка в уравнениях

Error mean square среднеквадратичная ошибка

Error of estimation   ошибка оценки

Error of first kind   ошибка первого рода

Error of observation   ошибка в наблюдении; ошибка в обследовании

Error of second kind ошибка второго рода

Error of third kind   ошибка третьего рода

Error reducing power мощность уменьшения ошибки (при выравнивании временных рядов)

Error sum of squares ошибка суммы квадратов

Errors in variables   ошибки; в переменных

Error variance   дисперсия компоненты ошибки; дисперсия ошибки

Errors in surveys   ошибки в обследованиях

Esseen-type approximation (нормальная) аппроксимация типа Эссеена

Estimable   допускающий оценку

Estimate   оценка (значение оценки)

Estimating equation уравнение оценки

Estimation   оценивание; оценка; процедура оценки

Estimator   (оценочная статистика)

Even summation   четное суммирование (при сглаживании временных рядов)

Event space   поле событий

Evolution, index of   индекс "эволюции" ряда

Evolutionary operation эволюционный процесс оптимизации

Evolutionary process нестационарный стохастический процесс

Evolutionary spectra эволюционные спектры

Exact chi-squared test точный критерий хи-квадрат

Exact statistical method "точный" статистический метод

Exceedance life test
критерий превышения
времени безотказной
работы

Exceedances, distribution of
распределение превышений

Excess, coefficient of
коэффициент эксцесса

Exhaustive sampling
исчерпывающая выборка

Exogeneous variate
внесистемная случайная
величина

Expectation
(математическое)
ожидание

Expected probit ожидаемый
пробит

Experimental error
экспериментальная
ошибка; ошибка
эксперимента

Experimental unit элемент
выборочного плана

Explanatory variable
аргумент причинной
зависимости

Explanatory survey
предварительный сбор
информации

Explosive process
"взрывчатый" процесс
(процесс с неограниченно
возрастающими средними)

Explosive stochastic difference equation уравнение
в конечных разностях
для стохастического
процесса с неограниченно
возрастающим средним

Exponential curve
показательная кривая;
экспонента

Exponential distribution
показательное
распределение; экспо-
ненциальное
распределение

Exponential regression
экспоненциальная
регрессия

Exponential smoothing
экспоненциональное
сглаживание

Exponential weights
экспоненционально
убывающие веса

Extended hypergeometric
distribution расширенное
гипергеометрическое
распределение

Extended group divisible
design расширенный
групповой делимый план

Extensive sampling
протяженный выбор;
протяженное обследование

External variance внешняя
(междугрупповая)
дисперсия

Extra-period change-over
design скрещенный план
с добавочным периодом

Extremal intensity
экстремальная
интенсивность

Extremal process
экстремальный процесс

Extremal quotient
экстремальное отношение
(отношение наибольшего
наблюдения к наименьшему)

Extremal statistic
экстремальная статистика

Extreme mean
экстремальное среднее
(например, в дисперсионном
анализе)

Extreme rank sum test
критерий экстремальных
ранговых сумм

Extreme studentized deviate
крайнее стьюдентизиро-
ванное отклонение

Extreme value distribution
закон распределения
крайних членов

Extreme values
экстремальные значения

F-distribution
F- распределение

F-test F-тест

Factor фактор

Factor analysis факторный
анализ

Factor antithesis
факторное противоположе-
ние (термин употребляемый
в теории индексов)

Factor loading факторная
нагрузка

Factor matrix факторная
матрица; матрица фактор-
ных коэффициентов

Factor pattern структура
ненулевых элементов в
факторной матрице

Factor-reversal test тест
обратимости факторов

Factor rotation факторное
вращение

Factorial cumulant
факторный
семиинвариант

Factorial cumulant generating
function производящая
функция факториальных
семиинвариантов

Factorial experiment
факторный эксперимент

Factorial moment
факториальный момент

Factorial moment generating
function производящая
функция факториальных
моментов

Factorial multinomial distribution многомерное
гипергеометрическое
распределение

Factorial sum факториальная
сумма

Fair game   безобидная игра

Fast Fourier transform
ускоренный Фурье
трансформ

Fellegi's method   метод
Фелледжи

Fermi—Dirac statistics
статистика Ферми-Дирака

Fertility gradient   градиент
плодородия

Fertility rate   коэффициент
плодородия

Fiducial distribution
фидуциальное распре-
деление

Fiducial inference
фидуциальный вывод

Fiducial limits
фидуциальные пределы

Fiducial probability
фидуциальная вероятность

Fieller's theorem   теорема
Фиеллера

Filter   фильтр

Finite arc-sine distribution
конечный закон арксинуса

Finite Markov chain
конечная цепь Маркова

Finite multiplier
поправочный множитель
для конечной
совокупности

Finite population   конечная
совокупность

Finite sampling correction
"поправка" для выборки
из конечной совокупности

First limit theorem   первая
предельная теорема

First passage time   время
первого перехода

First-stage unit   выборочная
единица первой стадии

Fisher's B distribution
закон Фишера (распре-
деление квадратного
корня нецентрального
хи-квадрата)

Fisher model   модель Фишера

Fisher's distribution
распределение Фишера

Fisher's transformation
трансформация Фишера
(для корреляционного
коэффициента)

Fisher—Behrens test
критерий Беренса-Фишера

Fisher—Yates test   критерий
Фишера-Йейтса

Five-point assay   пяти-
точечное (биологическое)
испытание

Fixed-base index   индекс с
постоянным базовым
периодом

Fixed effect (constant) model
модель (дисперсионного
анализа) с постоянными
эффектами

Fixed sample   фиксированная
выборка

Fixed variate   "постоянные"
случайные величины (в
теории регрессионного
анализа)

Flexibility, curve of   кривая
гибкости

Fluctuation   флуктуация

Fokker—Plank equation
уравнение (Фоккера-)
Планка

Folded contingency table
свернутая таблица
сопряженности признаков

Folded normal distribution
свернутое нормальное
распределение

Folding   свертка;
свертывание

Follow up   следить;
повторная попытка
получить информацию в
выборочном обследовании

Force of mortality
коэффициент смертности;
интенсивность
смертности

Forecasting   предсказывание;
прогнозирование

Forward equations   прямые
уравнения Колмогорова

Fourfold table   четырех-
польная таблица

Fourier analysis   анализ
Фурье

Fractile   квантиль

Fractile graphical analysis
квантильный графический
анализ

Fraction defective   доля
дефективных изделий

Fractional replication
частичное повторение
опыта

Frame   система отсчета,
наглядная форма пред-
ставления выборочных
данных

Freehand method   метод "от
руки"; эмпирический
метод

Frequency   частота

Frequency curve   график
плотности распределения

Frequency distribution
плотность распределения

Frequency function   функция
плотности; плотность
распределения

Frequency moment
часточный момент

Frequency polygon   полигон
частот

Frequency response function
передаточная функция

Frequency surface
поверхность плотности

Frequency table
вариационный ряд;
таблица частот

Frequency theory of probability
частотная теория
вероятностей

Friedman's test   критерий Фридмана

Full information method метод полной информации

Functional model функциональная модель

Fundamental probability set множество элементарных событий

Fundamental random process фундаментальный (брауновский) стохастический процесс

Furry process   процесс Фурри ("предшественник" процесса размножения и гибели)

g-statistics   g-статистика

g-test   g-критерий

Gabriel's test   критерий Габриэля

Galton's individual difference problem   проблема индивидуальных разностей (Гальтона)

Galton ogive   огива Гальтона

Galton—McAllister distribution   распределение Гальтона—Мак-Аллистера (логнормальное распредеделение)

Galton's rank order test

Galton—Watson process процесс Гальтона—Ватсона

Gambler's ruin   раззорение игрока

Game theory   теория игр

Gamma coefficients коэффициенты гамма

Gamma distribution   гамма-распределение

Gantt progress chart   карта прогресса Гантта

Garwood distribution распределение Гарвуда

Gauss distribution   гауссово распределение

Gauss—Markov theorem теорема Гаусса—Маркова

Gauss—Seidel method метод Гаусса—Сиделя

Gauss—Winckler inequality неравенство Гаусса—Винклера

Geary's ratio   отношение Джири (отношение среднего отклонения к среднеквадратичному)

General factor   общий (для всех переменных) фактор

Generalized binomial distribution   обобщенное биномиальное распределение

Generalized bivariate exponential distribution обобщенное двумерное экспоненциональное распределение

Generalized classical linear estimators   обобщенные классические линейные оценки

Generalized contagious distribution   обобщенное распределение заражений

Generalized distribution обобщенное распределение; смешанное распределение

Generalized Gamma distributions   обобщенные распределения гамма

Generalized inverse обобщенный обратный элемент

Generalized least squares estimator   обобщенная оценка наименьших квадратов

Generalized maximum likelihood estimator обобщенная оценка максимального правдоподобия

Generalized multinomial distribution   обобщенное мультиномиальное распределение

Generalized normal distribution   обобщенное нормальное распределение

Generalized polykays обобщенные поликеи

Generalized power series distribution   обобщенное степенное распределение

Generalized right angular designs   обобщенные прямоугольные планы

Generalized sequential probability ratio test обобщенный последовательный критерий отношения вероятностей

Generalized STER distribution обобщенное распределение STER

Generalized T^2 distribution обобщенное распределение T^2

Generating function производящая функция

Geometric distribution геометрическое распределение

Geometric mean геометрическое среднее

Geometric moving average геометрическое скользящее среднее

Geometric range геометрический размах (отношение крайних значений выборки)

Gibrat distribution распределение Гибрата (разновидность логнормального распределение)

Gini's hypothesis   гипотеза Джини (Гини) (априорное бета-распределение)

Given period   данный период

Glivenko—Cantelli lemma   Гливенко–Кантелли лемма

Glivenko's theorem   теорема Гливенко

Gnedenko's theorem   теорема Гнеденко (обобщение теоремы Маувра–Гаусса)

Gompertz curve   кривая Гомперца; кривая роста

Goodman—Kruskal tau   тау коэффициент Гудмана–Крускаля

Goodness of fit   согласие

Gouterau's constant   постоянная Гутеро (в теории временных рядов)

Grade   значение функции распределения

Grade correlation   корреляция между накопленными суммами частот в двумерном распределении

Graduation curve   кривая квантилей

Graeco—Latin square   греко-латинский квадрат

Gram—Charlier series — Type A   ряд Грама–Шарлье – типа А

Gram—Charlier series — Type B   ряд Грама–Шарлье – Типа В

Gram—Charlier series — Type C   ряд Грама–Шарлье – Типа С

Gram's criterion   критерий Грама

Grenander uncertainty principle   принцип (соотношение) неопределенности Гренандера

Grid   решетка; сетка линий

Grid sampling   решетчатый выбор

Group   группа; группировка

Group comparison   сравнение группировок

Group divisible design   групповой делимый план

Group divisible incomplete block design   групповой делимый неполный блочный план

Group divisible rotatable design   групповой делимый ротатабельный план

Group factor   групповой (общий) фактор (в факторном анализе)

Grouping lattice   группировочная решетка

Group screening methods   групповые просеивающие методы

Group Poisson distribution   группированное распределение Пуассона

Growth curve   кривая роста

Grubb's rule   правило Груббса

Gurland's generalization of Neyman's distribution   обобщение Гурланда распределения Неймана

Half-drill strip   разновидность систематического экспериментального плана

Half-invariant   семи-инвариант

Half-normal distribution   полу-нормальное распределение; распределение абсолютного значения нормальной величины с нулевым средним

Half-plaid square   разновидность экспериментального плана, предложенная Юлем

Half-replicate design   полу-повторный план

Half-width   половина центрального интенвала, половина поля допуска

Hamming   хаммингование (метод сглаживания временных рядов предложенный Хаммигом)

Hanning   метод сглаживания временных рядов предложенный Ханнингом

Hard clipping (limiting)   "твердое" урезывание (предельное)

Hardy summation method   метод суммирования Харди

Harley approximation   аппроксимация Харли

Harmonic analysis   гармонический анализ

Harmonic dial   гармонический диск

Harmonic distribution   гармоническое распределение

Harmonic mean   гармоническое среднее

Harmonic process   гармонический процесс

Harrison's method   метод Харрисона (метод прогноза)

Hazard   опасность; опасность отказа

Helly's first theorem   первая теорема Хелли

Helly—Bray theorem   вторая теорема Хелли

Helmert criterion   критерий Гельмерта

Helmert distribution   распределение Гельмерта

Helmert transformation   трансформация Гельмерта

Hermite distribution   распределение Эрмита

Heteroclitic   гетероклитический

Heterograde   количественный признак; количественная переменная величина

Heterokurtic   гетероэксцессный

Heteroscedastic   гетероскедастический (имеющий дисперсию, зависящую от другой случайной величины)

Heterotypic   гетеротипический

$Hh_n(x)$ function   функция $Hh_n(x)$

Hidden periodicity, scheme of   схема скрытой периодичности

Hierarchical birth-and-death process   иерархический процесс размножения и гибели

Hierarchical classification   вложенная (иерархическая) классификация

Hierarchical group divisible design   иерархический групповой делимый план

Hierarchy   иерархия

High contact   тесное касание

High-low graph   диаграмма максимальных и минимальных значений

Histogram   гистограмма

Historigram   график временного ряда

Hitting point   время первого достижения

Hodges' bivariate sign test   двумерный критерий знаков Ходжса

Hoeffding C_1 statistic   статистика Гефдинга C_1

Holt's method   метод Холта (метод прогноза)

Homoclitic   гомоклитический

Homogeneity   однородность, гомогенность

Homogeneous process   однородный процесс

Homograde   атрибут; качественный признак

Homokurtic   гомоэксцессный

Homophily (omofilia) index of   индекс омофилии

Homoscedastic   гомоскедастичный

Honest process   обобщенный марковский процесс размножения

Horvitz and Thompson estimator   оценка Хорвица и Томпсона

Hotelling's T   распределение T Хотеллинга

Hunt—Stein theorem   теорема Ханта—Стейна

Hypercube   гиперкуб (ортогональный строй)

Hyperexponential distribution   гиперэкспоненциальноо распределение

Hypergeometric distribution   гипергеометрическое распределение

Hypergeometric waiting time distribution   обратное гипергеометрическое распределение

Hyper— Graeco—Latin square   гипер—греко—латинский квадрат

Hyper—Poisson distribution   гиперпуассоновское распределение

Hypernormal dispersion   гипернормальное рассеяние (Лексиса)

Hypernormality   гипернормальность

Hypothesis, statistical   статистическая гипотеза

Hypothetical population   гипотетическая совокупность

"Ideal" index number   "идеальный" индекс

Identical categorisations   тождественные категоризации

Identical errors   одинаково распределенные ошибки

Identifiability   идентифицируемость (статистики)

Illusory association   иллюзорная (ложная) связь

Illusory correlation   иллюзорная (ложная) корреляция

Imbedded process   вложенный процесс

Importance sampling   существенная выборка

Incidence matrix of design   матрица инцидентности плана

Incidental parameters   несущественные параметры

Incomplete Beta-function   неполная бета-функция

Incomplete block   неполный блок

Incomplete census   неполное обследование; неполная перепись

Incomplete Gamma function   неполная гамма-функция

Incomplete Latin square
неполный лптинский
квадрат
Incomplete moment
неполный момент
Incomplete multiresponse
design неполный
многооткликовый план
Inconsistent estimator
несостоятельная оценка
Increasing hazard rate
возрастающая опасность
отказа
Independence независимость
Independence frequency
частоты в таблице
сопряженности признаков
в случае независимых
признаков
Independent action
независимое действие
Independent increments,
process with процесс с
независимыми прираще-
ниями
Independent trials
независимые испытания
Independent variable
независимая переменная
Index-number индекс
Index of dispersion индекс
рассеяния
Index of response индекс
отклика
Indicator function функция
индикатор
Indifference безразличие
Indifference-level index-
number индекс Конюса;
индекс безразличного
уровня
Indirect least squares
косвенный (не прямой)
метод наименьших
квадратов
Indirect sampling
косвенный выбор

Individuality, coefficient of
коэффициент
индивидуальности
(Джини)
Inductive behavior
индуктивное поведение
Inefficient statistic
неэффективная
статистика
Inequality coefficient
коэффициент неравенства
(в теории прогноза)
Infinite population
бесконечная
совокупность
Information информация
Information matrix матрица
информации
Inherent bias неустранимое
смещение
Input/output process
процесс ввода/вывода
Inquiry исследование;
обследование
Inspection diagram
инспекционная
(проверочная) диаграмма
Inspection lot
предъявленная на
проверку партия
Instantaneous death rate
мгновенная доля
смертности
Instrumental variable
предопределенная
варианта
Integer programming
целочисленное линейное
программирование
Integrated data
сгруппированные данные
Integrated spectrum
график спектральной
плотности
Intensity интенсивность

Intensity function функция
интенсивности
смертности (опасности)
Intensity of transvariation
интенсивность
трансвариации
Intensive sampling
протяженное обследование
Interaction интеракция;
взаимодействие
Interblock между блоками
Intercalcate Latin square
вложенный латинский
квадрат
Interclass correlation
корреляция между
классами
Interclass variance
дисперсия между
классами
Intercorrelation внутренняя
корреляция; корреляция
между членами
совокупности
Interdecile range
междудецильный размах
Internal least squares
оценка параметров
способом внутренней
регрессии
Internal regression
внутренняя регрессия
(Хартли)
Internal variance дисперсия
внутри классов
Interpenetrating samples
(sub-samples) взаимно-
проникающие выборки
(подвыборки)
Interquartile range
интерквартильный размах;
интерквартильная широта
Interval distribution
распределение
интервалов

60

Interval estimation
интервальная оценка
Interviewer bias   смещение,
обусловленное опрашиваю-
щим при опросе
Intrablock   внутриблочный
Intrablock sub-group
внутриблочная подгруппа
Intra-class correlation
корреляция внутри
класса
Intra-class variance
дисперсия внутри класса
Intrinsic accuracy
внутренняя точность
Invariance   инвариантность
Invariance method   принцип
инвариантности
Inverse correlation
отрицательная корреляция
Inverse distribution
обратное распределение;
инверсное распределение
Inverse factorial series
distribution   обратное
факториальное
распределение
Inverse Gaussian distribution
обратное гауссово
распределение
Inverse hypergeometric distribution   инверсное
гипергеометрическое
распределение
Inverse Polya distribution
инверсное распределение
Полиа (Пойа)
Inverse polynomial
инверсный полином
Inverse probability
апостериорная
вероятность
Inverse sampling
"обращенный выбор"
(видоизменение
последовательного
выбора)

Inverse serial correlation
процесс определения
серии посредством
сериальных корреляций
Inverse sine transformation
преобразование арксинуса
Inverse tanh transformation
трансформация Фишера для
коэффициента корреляции
Inversion   обращение;
инверсия
Inverted beta-distribution
квантили (перцентили)
бета-распределения
Inverted Dirichlet distribution
обращенное
распределение Дирихле
Irreducible Markov chain
неприводимая цепь
Маркова
Irregular kollectiv
нерегулярный коллектив
(основное понятие
частотной теории
вероятностей)
Irwin distribution
факториальное
распределение Ирвина
Ising—Stevens distribution
распределение Исинг-
Стивенса
Isokurtosis   изоэксцесс
Isometric chart
изометрическая диаграмма
Isomorphism   изоморфизм
Isotropy   изотропия
Isotype method   метод
пиктограмм
Iterated logarithm, law of
закон повторного
логарифма
J-shaped distribution
J -образное распределение
Jack-knife   "метод складного
ножа" (предложенный
Тьюки)

Jensen's inequality
неравенство Иенсена
Jirina sequential procedure
последовательная проце-
едура оценки
предложенная Джирина
John's cyclic incomplete
block designs
циклический неполный
блочный план
(предложенный Джоном)
Johnson's system   система
Джонсона
Joint distribution
совместное распределение
Joint-moment   смешанный
момент
Joint prediction intervals
совместные интервалы
предсказания
Joint regression
совместная регрессия
Joint sufficiency
совместная достаточность
Judgment sample   невполне
случайная выборка
Just identified model
вполне разделенная
модель

k-sample problem   задача о
к-выборках
k-statistics   к-статистика
K-test   К-тест; К-критерий
Kapteyn's distribution
обобщенное нормальное
распределение Кэптейна
Kapteyn's transformation
трансформация Кэптейна

Kärber's method   метод
    Кэрбера (для оценки 50%
    эффективной дозы)
Kendall's tau (τ)
    коэффициент (тау)
    Кенделла
Kendall's terminology
    терминология Кенделла
    (в теории массового
    обслуживания)
Kesten's process   процесс
    Кэстена
Khintchine's theorem.
    теорема Хинчина
Kiefer—Wolfowitz process
    процесс Кифера-Вольфовица
Knut—Vik square   квадрат
    Кнута—Вика (форма
    экспериментального
    плана)
Kollectiv   коллектив
Kolmogorov axioms
    аксиомы Колмогорова
Kolmogorov equations
    уравнения Колмогорова
Kolmogorov's inequality
    неравенство Колмогорова
Kolmogorov—Smirnoff test
    критерий Колмогорова-
    Смирнова
Kolmogorov's theorem
    теорема Колмогорова
Konyus conditions   условия
    Конюса
Konyus index-number
    индекс Конюса
Kuder—Richardson formula
    формула Кудера-Ричардсона
    (для оценки коэффициента
    надёжности критерия)
Kurtosis   эксцесс
Λ-criterion (λ-criterion)
    Λ-критерий (λ-критерий)
L-tests   L-критерии

(критерии Неймана и
    Пирсона для проверки
    однородности выборочных
    дисперсий)
Lag   запаздывание; лаг
Lag correlation   корреляция
    с запаздыванием
    аргумента
Lag covariance   ковариация
    с запаздыванием
    аргумента
Lag hysteresis   гистерезис
    с запаздыванием (в
    эконометрике)
Lag regression   регрессия
    с запаздыванием
    аргумента
Laguerre polynomials
    многочлены Лагерра
Lambdagram   лямбдограмма
Lancaster's partition of chi-
    squares   Лэнкастера
    разбиение хи-квадрата
Laplace distribution
    распределение Лапласа
Laplace law of succession
    закон следований Лапласа
Laplace—Lévy theorem
    теорема Лапласа—Леви
    (центральная предельная
    теорема
Laplace's theorem   теорема
    Лапласа
Laplace transform
    преобразовние Лапласа,
    Лаплас-трансформ
Large numbers, law of
    закон больших чисел
Laspeyres' index   индекс
    Ласпейрса (Ласпэра)
Laspeyres' Konyus index
    индекс Ласпейрса-
    Конюса
Latent root (vector)
    характеристический
    корень (собственный
    вектор)

Latent structure   скрытая
    струтура
Latent variable   скрытая
    (ненаблюдаемая)
    переменная
Latin cube   латинский куб
Latin rectangle   латинский
    "прямоугольник" (форма
    неполного латинского
    квадрата)
Latin square   латинский
    квадрат
Lattice design   решетчатый
    план
Lattice sampling
    решетчатый выбор
Laurent process
    (стохостический)
    процесс Лорана
Least favourable distribution
    наименее благоприятное
    распределение
Least significant difference
    test   наименее значимый
    разностный критерий
Least-squares estimator
    оценка по методу
    наименьших квадратов
Least-squares method
    метод наименьших
    квадратов
Least variance difference
    method
    метод наименьших
    разностей дисперсий
Legendre polynomials
    полиномы Лежанлра
Lehmann alternatives
    альтернативы Лемана
Lehmann's test   критерий
    Лемана
Leptokurtosis   эксцесс
    выше эксцесса
    нормального
    распределения
Level map   карта уровней

Level of a factor   уровень
фактора

Level of interpenetration
уровень проникновения
(во взаимнопроникающих
выборках)

Level of significance
уровень значимости

Lévy—Cramér theorem
теорема Леви-Крамера

Levy—Pareto distribution
распределение Леви-
Парето

Lévy's theorem   теорема
Леви (первая предельная
теорема)

Lexis ratio   отношение
Лексиса

Lexis theory   теория
Лексиса

Lexis variation   вариация
Лексиса

Liapounov's inequality
неравенство Ляпунова

Liapounov's theorem
теорема Ляпунова

Life table   таблица
продолжительности жизни

Likelihood   правдоподобие

Likelihood ratio   отношение
правдоподобия

Likelihood ratio dependence
зависимость отношения
правдоподобия

Likelihood-ratio test
критерий отношения
правдоподобия

Limited information methods
методы оценки
параметров ,
употребляемые в
эконометрике

Lincoln index   индекс
Линкольна

Lindeberg—Feller theorem
теорема Линдеберга-
Феллера

Lindeberg—Lévy theorem
теорема Линдеберга-
Леви

Line of equal distribution
линия (кривая)
постоянной вероятности

Line sampling   выборочный
метод, употребляемый
для географических
данных на карте

Line spectrum   спектр

Line-up   очередь; "хвост"

Linear constraint   линейное
ограничение

Linear correlation   линейная
корреляция

Linear discriminant function
линейная классифицирую-
щая функция

Linear estimator   линейная
оценка

Linear hypothesis
линейная гипотеза

Linear maximum likelihood
method   линейно
(аппроксимативный) метод
максимального
правдоподобия

Linear model   линейная
модель

Linear process   линейный
процесс

Linear programming
линейное программирование

Linear regression   линейная
регрессия

Linear sufficiency
линейная достаточность

Linear systematic statistics
линейная систематическая
статистика

Linear trend   линейный
тренд

Line-up   очередь

Link-relative   в теории
индексов отношение
величины в данный

период   к величине в
предшествующий период

Linked-blocks   сцепление
блока

Linked samples
"сцепленные" выборки

Lipschitz condition
условие Липшица

List sample   выборка из
списка

Local asymptotic efficiency
локальная
асимптотическая
эффективность

Local statistic   локальная
статистика

Locally asymptotically most
powerful test   локально
асимптотически наиболее
мощный критерий

Locally asymptotically most
stringent test   локально
асимптотически наиболее
строгий критерий

Locally most powerful rank
order test   локально
наиболее мощный
ранговый критерий

Location — see measure of
location   (мера)
расположения

Location parameter
параметр сдвига;
параметр положения

Location shift alternative
hypothesis
альтернативная гипотеза
сдвига

Lods   "логарифмические
шансы"

Log-chi squared distribution
логарифмически χ^2
распределение

Logarithmic chart
логарифмическая
диаграмма (диаграмма с
логарифмическим
масштабом)

Logarithmic-normal (lognormal)
distribution
логарифмически-нормаль-
ное (логнормальное)
распредение

Logarithmic-series distribution
логарифмическое
распределение

Logarithmic transformation
логарифмическая
трансформация

Log convex tolerance limits
логарифмически выпуклые
толерантные пределы

Logistic curve   логистическая кривая

Logistic distribution
логистическое
распределение

Logistic process
логистический процесс

Logit   логит

Loglog transtormation
преобразование
повторным логариф-
мированием

Loop plan   петлевой план

Lorenz curve   кривая
Лоренца

Loss function   функция
потерь

Loss matrix   матрица
потерь

Loss of information   потеря
информации

Lot   группа изделий;
партия

Lot quality protection
процедура обеспечиваю-
щая непревышение
заданной пропорции
дефективных изделий в
каждой партии

Lot tolerance per cent
defective   пропорция
допустимых дефективных
изделий в партии
подлежащей инспекции

Lottery sampling
лотерейная выборка

Lowe index   индекс Лова

Lower control limit
нижний контрольный
предел

Lower quartile   нижний
квартиль

Lumped variance test
сосредоточенный
дисперсионный критерий

Lyttkens' correction
поправка Лытткэна

McNemar's test   критерий
МакНемара

m-rankins, problems of
задачи m рангсв

m-statistic   m-статстика

mth values   m-ная
величина в упорядочен-
ной выборке

Macaulay's formula
Макоули формула

Madow—Leipnik distribution
распределение Мадоу-
Лейпника

Magic square design
план чудесного
(магического) квадрата

Mahalanobis' distance
расстояние Махаланобиса

Mahalanobis' generalized
distance   ооообщенное
расстояние Махаланобиса

Main effect   основной
эффект

Manifold classification
классификация по
нескольким признакам

Mann—Whitney test
критерий Манн–Уитнэй

Marginal category
маргинальная категория

Marginal classification
маргинальная
классификация

"Marker" variable
двузначная переменная

Markov chain   цепь
Маркова

Markov estimate   оценка
Маркова

Markov inequality
неравенство Маркова

Markov process
марковский процесс

Markov renewal process
марковский процесс
восстановления

Marshall—Edgeworth—Bowley
index   индекс Маршалла–
Эджворта–Буоли

Martingale   мартингал

Master sample   выборка для
будущих подвыоорок

Matched samples   спаренные
выборки

Matching   согласовывание

Matching coefficient
коэффициент
согласовывания

Matching distribution
распределение
согласовывания

Matrix sampling
матричный выбор

Maverick   непредставительный выброс

Maximum F-ratio   тест
Хартли, основанный на
отношении наибольмей
дисперсии к наибольшей

Maximum-likelihood method
метод максимального
правдоподобия

Maximum probability
estimator   оценка
максимальной вероятности
(максимума вероятности)

Maxwell distribution
распределение
Максвелла

Maxwell—Boltzman
statistics статистика
Максвелла–Больцмана

Mean среднее; среднее
значение

Mean absolute error
средняя абсолютная
ошибка

Mean density, curve of
кривая средней
плотности распреде-
ления

Mean deviation среднее
отклонение; первый
абсолютный момент

Mean difference средняя
разность; среднее
расхождение

Mean likelihood
estimator оценка
среднего правдоподобия

Mean linear successive
differences средние
последовательные
разности

Mean probit difference
мера разности между
двумя сериями
наблюдений,
предложенная Финни

Mean range средний
размах

Mean semi-squared
difference средние
полу–квадратные
разности

Mean-square
среднеквадратичный

Mean-square contingency
среднеквадратичная
сопряженность

Mean-square deviation
среднеквадратичное
отклонение

Mean-square error
среднеквадратная ошибка

Mean-square successive difference среднеквадра-
тные последовательные
разности

Mean successive difference
средние последова-
тельные разности

Mean trigonometric deviation
среднее тригонометричес-
кое отклонение (мера
изменчивости, применимая
к циклическим сериям)

Mean values средние
значения

Measure of location мера
расположения

Medial test серединный
тест

Median медиана

Median centre точка с
наименьшей суммой
расстояния от заданных
точек

Median effective dose
50%-эффективная доза

Median F-statistic
медианная (серединная)
F-статистика

Median lethal dose 50%
эффективная доза (в
случае смертельного
результата)

Median line средняя линия

Median regression curve
серединная
регрессионная кривая

Median test критерий
основанный на медиане

Median-unbiassed confidence
interval серединно-
несмещенный доверитель-
ный интервал

Median unbiassedness
серединная (медианная)
несмещенность

Mellin transformation
трансформация Меллина

Merrington—Pearson approximation аппроксимация
Меррингтон–Пирсона (для
нецентрального
t-распределения)

Mesokurtosis нормальный
эксцесс

Metameter преобразователь
доз

Method of overlapping maps
метод перекрывающихся
карт

Mid-range полуразмах

Mid-rank method метод
упорядочивания
совпавших рангов

Mills' ratio отношение
Миллса

Minimal sufficient statistic
минимальная достаточная
статистика

Minimax estimation
минимаксная оценка

Minimax principle принцип
минимакса

Minimax regret principle
принцип потерь

Minimax strategy
минимаксная стратегия

Minimum chi-squared method
метод минимума хи-
квадрат

Minimum logit chi-squared
метод минимума логита
хи-квадрата

Minimum normit chi-square estimator оценка методом минимума нормита хи-квадрата

Minimum variance наименьшая дисперсия

Minimum variance linear unbiassed estimator линейная несмещенная оценка с минимальной дисперсией

Missing plot technique процесс обработки данных, предложенный Аллэном и Вишартом в случае отсутствия некоторых наблюдений

Mixed-up observations смешанные наблюдения

Mixed factorial experiment смешанный факториальный эксперимент

Mixed model смешанная модель

Mixed sampling смешанный выбор

Mixed spectrum смешанный спектр

Mixed stategy смешанная стратегия

Mixture of distributions смешение распределений; смесь распределений

Modality модальность

Mode мода; метод; способ

Model модель; образец

Model I (or first kind) модель (дисперсионного анализа) первого рода

Model II (or second kind) модель (дисперсионного анализа) второго рода

Modified binomial distribution модифицированное оиномиальное распределение

Modified exponential curve модифицированная экспоненциальная кривая

Modified Latin squares модифицированные латинские квадраты

Modified mean модифицированное среднее

Modified mean square successive difference модифицированные средне-квадратические последовательные разности

Modified von Neumann ratio модифицированное отношение фон Неймана

Moment момент

Moment coefficient момент (устаревший термин)

Moment estimator оценка методом моментов

Moment generating function производящая функция моментов

Moment-matrix матрица моментов

Moment-ratio отношение, знаменатель и числитель которого являются моментами или простыми функциями моментов (например, мера скошенности)

Moments, method of метод моментов

Monotone likelihood ratio монотонное отношение правдоподобия

Monotonic structure монотонная структура

Monte—Carlo method метод Монте—Карло

Monthly average месячное среднее

Mood's W-test W-критерий Муда

Mood—Brown estimation (of a line) оценка (параметров линии) Муда-Брауна

Mood—Brown median test критерий Муда-Брауна основанный на медиане

Moran's test statistic тестовая статистика Морана

Mortara formula формула Мортара

Moses test критерий Мозеса

Most efficient estimator оценка с наибольшей эффективностью

Most powerful critical region наиболее мощная критическая ооласть

Most powerful rank test наиболее мощный ранговый критерий

Most powerful test наиболее мощный критерий

Most selective confidence intervals наиболее избирательные доверительные интервалы

Most stringent test наиболее строгий критерий

Mosteller k-sample slippage test $\varkappa$-выборочный скользящий критерий Мостеллера

Moving annual total скользящий годовой итог

Moving averages скользящие средние

Moving-average disturbance скользящее среднее возмущение

Moving-average method метод скользящих средних

Moving average model
модель скользящих средних

Moving-average process
процесс скользящих средних (частный случай процесса скользящего суммирования)

Moving-observer technique
метод подвижного наблюдателя

Moving seasonal variation
скользящая сезонная вариация

Moving summation process
процесс скользящего суммирования

Moving total   скользящая сумма

Moving weights   скользящие веса

Multi-binomial test   мульти-биномиальный критерий

Multicollinearity
мультиколлинеарность

Multi-equational model
модель, представленная посредством системы уравнений

Multi-factorial design
многофакториальный план

Multi-level continuous sampling plans
многоступенчатый непрерывный выборочный контроль

Multi-linear process
мультилинейный процесс

Multi-modal distribution
многовершинное распределение

Multi-phase sampling
многофазовый выбор

Multinomial distribution
мультиномиальное распределение

Multi-valued decision
многозначное решение

Multiple bar chart
гистограмма для нескольких признаков

Multiple classification
многократная классификация

Multiple comparisons
многократные сравнения

Multiple correlation coefficient of   множественный коэффициент корреляции

Multiple curvilinear correlation
множественная нелинейная корреляция

Multiple decision methods
методы множественных (совместных) решений

Multiple decision problem
задача на статистическое решение при наличии нескольких альтернативных гипотез

Multiple factor analysis
множественный факторный анализ

Multiple Markov process
множественный марковский процесс

Multiple-partial correlation, coefficient of
коэффициент множественной·частной корреляции

Multiple phase process
множественный фазовый процесс (обобщения простого процесса рождаемости)

Multiple Poisson distribution
множественное пуассоновское распределение

Multiple Poisson process
множественный пуассоновский процесс

Multiple random start
кратный случайный старт

Multiple range test
многократный критерий размаха

Multiple regression
множественная регрессия

Multiple sampling
многоступенный выбор

Multiple smoothing method
многократный метод сглаживания

Multiple stratification
многофакторное расслоение

Multiple stratification
множественная (многофакторная) стратификация

Multiplicative process
ветвящийся процесс

Multi-stage sampling
многоступенчатый выбор

Multi-temporal model
многовременная динамическая модель

Multi-valued decision
многозначное решение

Multivariate analysis
многомерный анализ

Multivariate beta distribution
многомерное распределение бета

Multivariate binomial distribution   многомерное биномиальное распределение

Multivariate Burr's distribution
многомерное распределение Бурра

Multivariate distribution
многомерное распределение

Multivariate exponential distribution   многомерное экспоненциальное

Multivariate F′ distribution
многомерное F′
распределение

Multivariate hypergeometric
distribution многомерное
гипергеометрическое
распределение

Multivariate inverse hypergeometric distribution
многомерное обратное
гипергеометрическое
распределение

Multivariate moment
многомерный момент

Multivariate multinomial
distribution многомерное
мультиномиальное
распределение

Multivariate negative binomial
distribution многомерное
отрицательное
биномиальное
распределение

Multivariate negative hypergeometric distribution
многомерное
отрицательное гипер-
геометрическое
распределение

Multivariate normal distribution многомерное
нормальное распределение

Multivariate Pareto distribution многомерное
распределение Парето

Multivariate Pascal distribution многомерное
распределение Паскаля

Multivariate Poisson distribution многомерное
пуассоновское распределе-
ние

Multivariate Polya distribution
многомерное распределе-
ние Полия (Пойа)

Multivariate power series
distribution многомерное
степенное распределение

Multivariate processes
многопеременные процессы
(процессы с несколькими
случайными переменными)

Multivariate quality control
многомерный контроль
качества

Multivariate signed rank test
многомерный ранговый
критерий знаков

Multivariate Chebychev
inequalities многомерные
неравенства Чебышева

Murthy's estimator оценка
Мурти

Mutability изменчивость,
переменчивость

Naive estimator "наивная"
оценка

Nearly best linear estimator
почти наилучшая
линейная оценка

Negative binomial distribution отрицательное
биномиальное распреде-
ление

Negative exponential distribution отрицательное
показательное
распределение

Negative factorial multinomial
distribution
многомерное обратное
гипергеометрическое
распределение

Negative hypergeometric
distribution отрицатель-
ное гипергеометрическое
распределение

Negative moments
отрицательные моменты

Negative multinomial distribution отрицательное
мультиномиальное
распределение

Nested balanced incomplete
block design вложенный
гнездовой сбалансирован-
ный неполноблочный план

Nested design вложенный
гнездовой план

Nested hypotheses
вложенные гипотезы

Nested sampling гнездовая
выборка

Net correlation частная
корреляция

Network of samples группа
взаимно проникающих
выборок

Neutral curve кривая
плотности распределения
с нейтральной
анормальностью

Newman—Keuls test
критерий Ньюмана–Кэлса
(ступенчатая процедура)

Neyman allocation
распределение (располо-
жение) Неймана

Neyman model модель
Неймана (в планировании
экспериментов)

Neyman—Pearson theory
теория Неймана–Пирсона

Neyman shortest unbiassed
confidence intervals
кратчайшие в смысле
Неймана несмешенные
доверительные интервалы

Neyman's ψ^2 test
ψ^2 критерий Неймана

Noise шум; помехи

Nomic номичный

Nomogram номограмма

Non-central beta distribution
нецентральное распреде-
ление бета

Non-central confidence
interval нецентральный
доверительный интервал

Non-central χ^2 distribution нецентральное χ^2 распределение

Non-central F-distribution нецентральное F-распределение

Non-central multivariate Beta distribution нецентральное многомерное распределение бета

Non-central multivariate 'F' distribution нецентральное многомерное F-распределение

Non-central t-distribution нецентральное t-распределение

Non-central Wishart distribution нецентральное распределение Вишарта (Уишарта)

Non-circular statistic некруговая статистика

Non-determination, coefficient of коэффициент недетерминированности (дополнение квадрата коэффициента корреляции до единицы)

Non-linear correlation нелинейная корреляция

Non-linear regression нелинейная регрессия

Non-normal population совокупность с отличным от нормального распределением

Non-null hypothesis ненулевая гипотеза

Non-orthogonal data зависимые данные

Non-parametric непараметрический

Non-parametric tolerance limits непараметрические толерантные пределы

Non-random sample неслучайная выборка

Non-regular estimator нерегулярная оценка

Non-response неполучение данных

Non-sampling error ошибки в выборочных оценках, не являющиеся следствием выборочных колебаний

Nonsense correlation схоластическая корреляция

Non-singular distribution несингулярное (невырожденное) распределение

Normal deviate нормальное отклонение

Normal dispersion нормальная дисперсия

Normal distribution нормальное распределение

Normal equations нормальные уравнения

Normal equivalent deviate (N.E.D.) нормальное эквивалентное отклонение (отклонение соответствующее данной нормальной накопленной вероятности)

Normal inspection обьем инспекции при нормальном течении процесса

Normal probability paper нормальная вероятностная бумага

Normal scores test критерий нормальных очков (близок к критерию Ван дер Вардена)

Normalisation of frequency functions преобразование плотности распределения в нормальную

Normalisation of scores нормализация (стандартизация) отметок (очков)

Normalising transform нормализирующая трансформация

Normit нормит

Nuisance parameters мешающие параметры

Null hypothesis нулевая гипотеза

Nyquist frequency частота Найквиста

Nyquist interval интервал Найквиста

Nyquist Shannon theorem теорема Найквиста-Шеннона

'O'-statistic 0-статистика

ω^2 test критерий ω^2, критерий Крамера–Мизеса

Oblimax облимакс

Oblique factor скошенный фактор; (фактор коррелированный с одним или несколькими факторами)

Observable variable непосредственно наблюдаемые переменные

Observational error ошибка наблюдения

Occupancy problems задачи о размещении

Odd ratio относительный риск

Ogive огива

One-sided test односторонний критерий

One-way classification классификация по одному признаку

Open sequential scheme "открытый" последовательный выборочный план

Open-ended classes открытые интервалы группировки

Open-ended question
"открытый" вопрос в
вопроснике (допускающий
неограниченное число
ответов)

Operating characteristic
рабочая характеристика

Opinion survey обследо-
вание для выявления
общественного мнения

"Optimal asymptotic" test
альтернативный термин
для локального
асимптотически наиболее
мощного критерия

Optimum allocation
оптимальное
расположение (например,
выборочных элементов по
слоям)

Optimum linear predictor
оптимальный линейный
предиктор

Optimum statistic
оптимальная статистика;
наилучшая оценка

Optimum stratification
оптимальное расслоение

Optimum test оптимальный
критерий

Ord/Carver system система
Орда/Карвера для
дискретных распределений

Order of coefficients
порядок (корреляционных
или регрессионных)
коэффициентов

Order of interaction порядок
интеракции
(взаимодействия)

Order of stationarity
порядок стационарности
(процесса)

Order statistics порядковые
статистики (члены
вариационного ряда)

Ordered alternative hypothesis
упорядоченная
альтернатива

Ordered categorization
упорядоченная
категоризация

Ordered series упорядоченная последоваельность;
вариационныи ряд

Organic correlation
"органическая" корреля-
ция

Ornstein–Uhlenbeck process
процесс Орнштейна-
Уленбека

Orthogonal ортогональный

Orthogonal arrays
ортогональный строй

Orthogonal design
ортогональный план

Orthogonal functions
ортогональные функции

Orthogonal polynomials
ортогональные полиномы

Orthogonal process
ортогональный процесс

Orthogonal regression
ортогональная регрессия

Orthogonal squares
ортогональные квадраты

Orthogonal test
ортогональный критерий

Orthogonal-variate trans-
formation ортогональная
трансформация
переменных

Orthonormal system
ортонормальная система

Oscillation колеоание;
осцилляция

Oscillation, index of
индекс осцилляции

Oscillatory process
осциллирующий процесс

Outliers выброс; резко
выделяющиеся наблюдения

Over-all estimate полная
(использующая все
данные оценка

Over-all sampling fraction
полная доля выборки

Over-identification
переопределенность

Overlap design
перекрывающийся план

Overlapping sampling units
перекрывающиеся
выборочные единицы

Paasche index индекс
Пааше

Paasche–Konyus index
индекс Пааше–Конюса

Paired comparison
попарное сравнение

Palgrave's index индекс
Палгрэва

Palm function функция
Пальма

Parameter параметр

Parameter of location (scale)
параметр местоположения

Parameter point значение
параметра

Parametric hypothesis
параметрическая гипотеза

Parametric programming
параметрическое
программирование

Pareto curve/distribution
кривая Парето;
распределение Парето

Pareto index индекс Парето

Pareto-type distribution
распределение типа
Парето

Part-correlation, coefficient
of множественно-
частный коэффициент
корреляции

Partial association
частичная ассоциация

Partial confounding
частичное перемешивание

Partial contingency
частичная сопряженность
признаков
Partial correlation
частичная корреляция
Partial rank correlation
частная ранговая
корреляция
Partial regression частная
регрессия
Partial replacement
частичное возвращение;
частичное замещение
Partial serial correlation coefficient частный
сериальный коэффициент
корреляции
Partially balanced arrays
частично уравновешенный
строй
Partially balanced incomplete
block design частично
уравновешенный неполный
блочный план
Partially balanced Latin
square частично
уравновешенный латинский
квадрат
Partially balanced linked
block design частично
уравновешенный сцеплен-
ный блочный план
Partially consistent observations частично
состоятельные наблюде-
ния (термин введенный
Нейманом и Скотт)
Partially linked block design
частично сцепленный
блочный план
Partition of chi-square (χ^2)
разложение χ^2 в сумму
членов
Pascal distribution
распределение Паскаля
Patch компактное "гнездо"
выборочных единиц
(термин Махаланобиса)

Path coefficients, method of
метод "траекторных"
коэффициентов
(связывающий матрицу
нулевых корреляций
переменных с различными
функциональными связями
между ними)
Pattern function
шаблонная функция (для
вычисления выборочных
кумулянт)
Patterned sampling
систематическая
(неслучайная) выборка
Pay-off matrix платежная
матрица
Peak пик; выделяющееся
наблюдение
Pearl Read curve
логистическая кривая
Pearson coefficient of
correlation коэффициент
корреляции Пирсона
Pearson criterion критерий
Пирсона
Pearson curve кривая
Пирсона
Pearson measure of skewness
мера асимметрии
(скошенности) Пирсона
Peek's inequality
неравенство Пика
Pentad criterion
пятеричный критерий
Percentage diagram
процентная диаграмма
Percentage distribution
процентное распределе-
ние
Percentage points
процентные точки
Percentage standard
deviation процентное
стандартное отклонение
Percentiles перцентили;
процентили

Performance characteristic
оперативная
характеристика
Period период
Period (of a Markov chain)
период (цепи Маркова)
Periodic process
периодический процесс
Periodogram периодограмма
Perks distribution
распределение Перкса
Permissible estimator
позволительная оценка
(*отличная от*
допустимой оценки)
Permutation tests критерии
перестановок
Persistency устойчивость;
стойкость
Persistent state устойчивое
состояние
Peter's method метод
Петера (связывающий
штандарт распределения
с его средним отклонен-
ием)
Phase фаза
Phase diagram фазовая
диаграмма
Phase spectrum фазовый
спектр
Phi-coefficient
фи-коэффициент
Pictogram пиктограмма
Pie diagram секторная
диаграмма
Pilot survey предварительное обследование
Pitman estimator оценка
Питмана
Pitman's tests тесты
(критерии) Питмана (для
проверки гомогенности
средних значений в
нескольких выборках)
Plaid square видоизменение
квази-латинского квадрата

Platukurtosis с эксцессом меньше нормального

Plot элемент выборочного плана

Point binomial биномиальное распределение

Point biserial correlation бисериальная корреляция в случае когда одна из переменных дискретна и принимает два значения

Point bivariate distribution двумерное распределение двух дискретных величин

Point density "точечная" плотность; частота дискретной случайной величины

Point estimation точечная оценка

Point of control точка контроля

Point of first entry точка первого вхождения

Point of indifference точка безразличия (индифферентности)

Point processes точечные процессы

Point sampling точечный метод выборки с географической карты

Poisson Beta distribution пуассоновское бета-распределение

Poisson binomial distribution пуассоновское биномиальное распределение

Poisson clustering process пуассоновский скопляющийся процесс

Poisson distribution распределение Пуассона

Poisson index of dispersion пуассоновский индекс рассеяния

Poisson's law of large numbers пуассоновский закон больших чисел

Poisson—Lexis distribution пуассоновское биномиальное распределение

Poisson—Markov process пуассоновский–марковский процесс

Poisson probability paper пуассоновская вероятностная бумага

Poisson process пуассоновский процесс

Poisson truncated normal distribution смесь пуассоновского и срезанного нормального распределения

Poisson variation вариация Пуассона

Pollaczek's formula формула Поллачека

Pollaczek—Khinchin formula формула Поллачека-Хинчина

Pólya Aeppli distribution распределение Полия-Эппли

Pólya's distribution распределение Полия (Пойа)

Pólya—Eggenberger distribution распределение Пойа-Эггенбергера

Pólya frequency function of order two функция распределения Пойа второго порядка

Pólya process процесс Пойа

Polychoric correlation полихорическая корреляция

Polykay поликеи

Polynomial trend полиномиальный тренд

Polyspectra полиспектры

Pooling of classes группировка классов; обьединение классов

Pooling of error группировка ошибок (группирщвка остаточных сумм квадратов)

Population совокупность; популяция

Positive skewness положительная асимметрия

Posterior probability апостериорная вероятность

Power мощность

Power efficiency эффективность мощности

Power function функция мощности

Power mean степенное среднее

Power moment степенной момент

Power spectrum спектральная функция

Power sum сумма степеней

Precision точность

Precision, modulus of модуль точности

Predetermined variable предопределенная переменная

Predicted variable "независимая" переменная в регрессионном анализе

Prediction предсказание; прогноз

Prediction interval интервал предсказания

Predictive decomposition разложение Вольда (в теории временных рядов)

Predictor предиктор

Pre-emptive discipline дисциплина обслуживания с абсолютными приоритетами

Pre-whitening предварительное "обеление"

Preference-field index-number индекс Конюса

Preference table таблица предпочтений

Price-compensation index индекс компенсации цен

Price index индекс цен

Price-relative отношение цены в данный период к цене в предшествующий период

Primary unit основная единица

Principal component основная компонента

Principle of equipartition принцип эквипартиции

Prior probability априорная вероятность

Priority queueing обслуживание с преимуществом (приоритетом)

Probability вероятность

Probability density function плотность вероятности, дифференциальная функция распределения

Probability distribution распределение вероятностей

Probability element элемент вероятности

Probability integral интеграл вероятности

Probability integral transformation преобразование посредством интегральной функции распределения

Probability limits вероятностные пределы

Probability mass вероятностная масса

Probability moment вероятностный момент

Probability paper вероятностная бумага

Probability-ratio test критерий отношения вероятностей

Probability sampling вероятностный выбор

Probability surface вероятностная поверхность

Probable error вероятная ошибка

Probit пробит

Probit analysis пробитный анализ

Probit regression line эмпирическая кривая эффекта, построенная методом пробитов

Procedurial bias "процедурная" систематическая ошибка в выборочном обследовании

Process average fraction defective средние пропорции дефективных изделий в выборках

Process with independent increments процесс с независимыми приращениями

Processing error ошибка обработки статистических данных

Producer's risk риск производителя

Product-moment смешанный момент

Product-moment correlation смешанная корреляция

Progressive average последовательность выборочных средних

Progressively censored sampling прогрессивно (многократно) цензурированный выбор

Projection проекция

Proportional frequency пропорциональная частота (частость)

Proportional sampling пропорциональный выбор

Proportional sub-class numbers пропорциональная частота в подклассах в дисперсионном анализе

Proximity analysis анализ близости

Proximity theorem теорема близости (теорема Вольда о малом смещении в оценке регрессионных коэффициентов методом наименьших квадратов)

Pseudo-factor псевдофактор

Pseudo-inverse псевдообратный элемент (псевдо-обратная матрица)

Pseudo-spectrum псевдоспектр

Psi-square statistic статистика пси-квадрат

p-statistic р-статистика

Psychological probability психологическая вероятность

Pure birth process чистый процесс рождаемости

Pure random process чисто случайный процесс

Pure stategy чистая стратегия

Purposive sample преднамеренная выборка

Q-technique Q-метод

Quad элементарный
квадратный участок

Quadrant dependence
квадрантная зависимость
(термин предложенный
Лэманом)

Quadrat выборочное
приспособление в форме
квадратной решетки

Quadratic estimator
квадратичная оценка

Quadratic form
квадратичная форма

Quadratic mean
квадратичное среднее

Quadratic programming
квадратическое
программирование

Quadratic response
квадратичный отклик

Quadrature spectrum
квадратурный
(ковариационный) спектр

Qualitative data
качественные данные

Quality control контроль
качества

Quality control chart
карта (диаграмма)
контроля качества

Quantal response
результат, имеющий два
возможных значения
(исхода)

Quantiles квантили

Quantitative data
количественные данные

Quantitative response
количественный отклик

Quantity-relative
отношение количества
товара в данный период
к количеству в основной
период

Quantum index
количественный индекс

(вне зависимости от
изменения цен)

Quartile квартиль

Quartile deviation
половина интерквартиль-
ного размаха

Quartile measure of skewness
квартильная мера
скошенности

Quartile variation
интерквартильное
изменение (отклонение)

Quasi-compact cluster
квази-компактное
гнездо

Quasi-factorial design
квази-факториальный
план

Quasi-Latin square
латинский квадрат

Quasi-maximum likelihood
estimator оценка
квази-максимального
правдоподобия

Quasi-normal equations
квази-нормальные
уравнения

Quasi-range квази-размах

Quasi-random sampling
квази-случайный выбор

Quenouille's test критерий
Кенуя

Questionnaire вопросник

Queueing problem
проблема очередей;
проблема массового
обслуживания

Quintiles квинтили

Quota sample выборка по
группам

Quotient regression
регрессия в форме
частного отношения

R-technique R-метод

Racial likeness, coefficient
of коэффициент
Пирсона, измеряющий

"расстояние" между
двумя многомерными
распределениями

Radix основание системы
счисления; основной
объем выборки

Raikov's theorem теорема
Райкова

Random случайный

Random allocation design
план со случайными
размещениямн

Random balance design
случайный сбалансиро-
ванный план

Random component
случайная компонента

Random distribution
случайное распределение

Random effects model
модель со случайными
эффектами

Random error случайная
ошибка

Random event случайное
событие

Random impulse process
случайный импульсный
процесс

Random linear graph
случайный линейный граф

Random order "случайный"
порядок; произвольный
порядок

Random orthogonal trans-
formations случайные
ортогональные преобра-
зования

Random process случайный
процесс

Random sample случайная
выборка

Random sampling error
случайная ошибка
выборочного обследования

Random sampling numbers
случайные выборочные
числа

Random selection
случайный отбор;
случайная селекция

Random series случайный
ряд; случайная
последовательность

Random start случайное
начало систематической
выборки

Random variable
случайная величина

Random walk случайное
блуждание

Randomisation рандомиза-
ция

Randomisation tests тесты
рандомизации

Randomised blocks
рандомизированные блоки

Randomised decision function
рандомизированная
решающая функция

Randomised fractional
factorial designs
рандомизированный
частичный факториальный
план

Randomised model
рандомизированная
модель

Randomised test
рандомизированный
критерий

Range размах

Range chart карта,
контролирующая размах

Rank ранг

Rank correlation ранговая
корреляция

Rank-order statistics
ранговая статистика
(зависящая лишь от
ранговых соотношений в
выборке)

Rankit преобразование
эмпирической кривой
эффекта

Rao's scoring test
критерий очков Рао

Ratio отношение;
соотношение; пропорция

Ratio estimator оценка в
виде отношения

Ratio scale шкала
отношений

Rational trend тренд,
заданный формулой

Raw moment грубый момент
(момент без поправки на
группировку; момент
относительно
производного начала)

Raw score начальная,
необработанная отметка
(полученная в каком-
либо тесте)

Rayleigh distribution
распределение Рэлея

Realisation реализация

Records tests критерии на
основании рекордов

Recovery of information
восстановление
информации

Rectangular distribution
прямоугольное
распределение

Rectangular lattice
прямоугольная решетка

Rectified index-number
выправленный индекс;
сглаженный индекс

Rectifying inspection
обследование с заменой
всех дефективных
изделий годными

Rectilinear trend
прямолинейный тренд;
линейный тренд

Recurrence time время
возвращения

Recurrent Markov chain
возвратная цепь Маркова

Recurrent state возвратное
состояние

Recursive system
рекурсивная система

Reduced design
приведенный план

Reduced equations
приведенные уравнения

Reduced-form method
метод оценки
параметров,
употребляемый в
эконометрике

Reduced inspection
сокращенная инспекция
(в случае улучшения
качества)

Reduced sample
непроизвольно
цензурированная выборка

Reduction of data
обработка данных

Reed—Münch method метод
Мюнча—Рида

Reference period базовый
период; "единичный"
период для данных
наблюдений (неделя,
месяц и т.д.)

Reference set множество
элементарных исходов
(событий)

Reflecting barriers
отражающие стенки

Refusal rate доля
отказавшихся отвечать
при опросе

Regenerative process
регенеративный процесс

Regressand зависимое
переменное в уравнении
регрессии

Regression регрессия

Regression coefficient
коэффициент регрессии

Regression curve кривая
регрессии

Regression dependence
регрессионная
зависимость

Regression estimate
оценка по уравнению
регрессии

Regression line   прямая
регрессии

Regression surface
поверхность регрессии

Regressor   регрессор
(независимое переменное
в уравнении регрессии)

Regret   потеря (приведенный риск)

Regular best asymptotically
normal estimator
регулярная наилучшая
асимптотически
нормальная оценка

Regular estimator
регулярная оценка

Regular group divisible
incomplete block design
регулярный групповой
неполный блочный план

Rejectable quality level
бракующий уровень
качества

Rejection error   ошибка
отбрасывания; ошибка
первого рода

Rejection line   критическая
граница (в последова-
тельном анализе)

Rejection number
браковочное число;
критическое количество
дефективных изделий

Rejection region   область
отбрасывания;
критическая область

Relative area of transvariation
относительная площадь
трансвариации
(итальянский термин)

Relative efficiency
относительная
эффективность (критерия);
фактор эффективности
(плана)

Relative frequency
относительная частота

Relative index
относительный индекс
(итальянский термин)

Relative information
относительная
информация

Relative potency
соотношение межлу двумя
стимулами (один из
которых является
стандартным)   дающими
одинаковый эффект

Relative precision
относительная точность;
относительная
эффективность

Relative risk   относительный риск (мера
связанности в 2×2
таблице)

Relative variance
относительная дисперсия
(квадрат коэффициента
вариации)

Relaxed oscillation
ослабленные колебания

Reliability   надежность

Reliability coefficient
коэффициент надежности

Renewal theory   теория
восстановления

Repeated survey
повторное обследование

Repetition   повторение

Repetitive group sampling
plan   повторный
(повторительный) группо-
вой выборочный контроль

Replacement   возврат,
замена

Replacement process
последовательный
процесс контроля

Replication   повторение
опыта

Representative sample
репрезентативная
(представительная)
выборка

Reproducibility
воспроизводимость

Resemblence   индекс
"сходства" (итальянский
термин)

Residual   остаток;
разность

Residual sum of squares
остаточная сумма
квадратов

Residual treatment effect
остаточный эффект

Residual variance
остаточная дисперсия

Residual waiting time
остаточное время
ожидания

Resolution   разрешимость
(факториального плана)

Resolvable balanced incomplete block design
разрешающие
сбалансированные непол-
ные блочные планы

Resolvable designs
разрешающие планы

Response   отклик; эффект;
реакция

Response error   ошибка
отклика, неслучайная
ошибка

Response metameter
преобразванная мера
эффекта (или отклика)

Response surface
поверхность отклика

Response time distribution
распределение времени
отклика (реакции)

Restricted randomisation
неполная рандомизация

Restricted chi-square test ограниченный критерий хи-квадрат

Restricted sequential procedure ограниченная последовательная процедура

Return period период возврата

Return states возвратимые (возвратные) состояния

Reversal design скрещенный план

Reversal test критерий обратимости

Reversible relation обратное соотношение

Reversion, index of индекс реверсии между двумя сериями (итальянский термин)

Ridit analysis метод анализа плохо отмеченных (записанных) данных

Right-and-wrong cases method метод анализа исходов, могущих иметь лишь конечное число значений

Right angular design прямо-угловой план

Risk риск

Robbins—Munro process процедура Роббинса—Манро

Robustness крепость; устойчивость

Room's squares квадраты Рума

Root-mean-square deviation среднеквадратичное отклонение

Root-mean-square error среднеквадратичное отклонение; среднеквадратичная ошибка

Rotation вращение; поворот

Rotatable designs ротатабельные планы

Rotation sampling вращательный выбор

Round Robbin design вид разрешающего плана

Rounding округление

Route sampling маршрутный выбор (вид систематического выбора, употребляемый в сельскохозяйственных исследованиях)

Runs серии (одинаковых значений)

Rutherford's contagious distribution распределение заражения Резерфорда

S-curve сигмоидальная кривая

s-test s-критерий (эквивалентный критерию χ^2)

S_B, S_U distributions система S_B и S_U распределений, предложенная Джонсоном

Sachs' theorem теорема Сакса

Sample выборка; замер; образец

Sample census выборочный пенз; выборочная перепись

Sample design выборочный план

Sample-moment выборочный момент

Sample plan выборочный план

Sample point выборочная точка

Sample size объем выборки

Sample space выборочное пространство

Sample statistic выборочная статистика

Sample survey выборочное (несплошное) обследование

Sample unit элемент выборки

Sampling distribution выборочное распределение

Sampling error ошибка репрезентативности

Sampling fraction выборочная доля

Sampling inspection выборочная инспекция

Sampling interval выборочный интервал (в случае систематической выборки)

Sampling moment выборочный момент

Sampling on successive occasions проведение выборочного обследования в последовательные интервалы времени

Sampling ratio выборочная доля, выборочное отношение

Sampling structure выборочная структура (определяющая класс используемых выборок)

Sampling unit выборочная единица

Sampling variance выборочная дисперсия

Sampling with replacement выбор с возвращением

Saturated model насыщенная модель (факториального эксперимента)

Saturation насыщение

Scale parameter параметр масштаба; параметр разброса

Scatter coefficient
коэффициент рассеивания

Scatter diagram   диаграмма
рассеивания

Scedasticity
скедастичность

Schedule   расписание; план

Scheffé's test   критерий
Шеффе

Schuster periodogram
периодограмма Шустера

Score   метка, отметка,
счет очков

Screening design
просеивающий план

Screening inspection
полная (тотальная)
инспекция

Seasonal variation   сезонная вариация (изменение)

Second limit theorem
вторая предельная
теорема

Second order rotatable design
ротатабельный план
второго порядка

Secondary process
вторичный процесс

Secondary unit   вторичная
(выборочная) единица;
объект второй стадии
выборки

Secular trend   вековой
тренд (уровень)

Selected points, method of
метод построения
кривой по выбранным
точкам

Selection with arbitrary
(variable) probability
отбор с переменной
вероятностью для
различных элементов
выборки

Selection with equal probability   равновероятност-
ный отбор

Selection with probability
proportional to size
отбор, при котором
вероятность элемента
выборки пропоциональна
размеру этого элемента

Self-avoiding random walk
самоизбегающее
случайное блуждание

Self-correlation coefficient
коэффициент надежности

Self-conjugate Latin square
самосопряженный
латинский квадрат

Self-renewing aggregate
самовосстанавливающийся
агрегат

Self-weighting sample
самовзвешенная выборка

Semi-averages, method of
метод "полу-средних"
(для скорой оценки
линейной регрессии)

Semi-interquartile range
семиинтерквартильная
широта

Semi-invariant   семиинвариант; кумулянт

Semi-Latin square
семилатинский квадрат
(латинский квадрат с
разделенными элементами)

Semi-logarithmic chart
полулогарифмическая
диаграмма

Semi-Markov process
полумарковский процесс

Semi-martingale
полумартингал

Semi-range   квазиразмах

Semi-stationary process
полустационарный
процесс

Sensitivity data   данные,
характеризующие
зависимость реакции
от дозы

Sequential analysis
последовательный анализ

Sequential chi-squared test
последовательный
критерий хи-квадрат

Sequential estimation
последовательная оценка

Sequential probability-ratio
test   последовательный
критерий отношений
вероятностей

Sequential test   последовательный критерий

Sequential T^2 test
последовательный
критерий T^2

Sequential tolerance region
последовательная
толерантная область

Serial correlation
сериальная корреляция

Serial design   сериальный
план

Serial variation
сериальная вариация

Serial balanced sequence
сериально сбалансирован-
ная последовательность

Series; seriation   ряд
статистических данных,
относящихся к
количественным величи-
нам (итальянский
термин)

Series   ряд; упорядоченный
ряд; последовательность

Series queues   сериальная
система массового
обслуживания

Seriola   подпоследовательность (итальянский
термин)

Shape parameter
параметр формы

Shapiro—Wilk test
критерий Шапиро–Уилка

Sheppard's corrections
поправки Шеппарда

Sherman's test statistic
тест-статистика
Шермана (статистика
критерия Шермана)

Shewhart control chart
контрольная карта
Шухарта

Shock and error model
система уравнений,
содержащая случайные
возмущения, как
вследствие "ошибок" в
переменных, так и
вследствие "ошибок" в
уравнениях

Shock model система
уравнений, содержащая
случайные отклонения
(эконометрический
термин)

Short-term fluctuation
кратковременная
флюктуация (во
временных рядах)

Shortest confidence intervals
кратчайшие доверитель-
ные интервалы

Shot noise дробовой шум

Sigmoid curve
сигмоидальная кривая

Sign test критерий знаков

Signed rank test ранговый
критерий знаков

Significance значимость

Significance level уровень
значимости

Similar action действие
аддитивных и независимых
факторов

Similar regions подобные
области

Similarity index индекс
подобия

Simple abnormal curve
симметричная анормаль-
ная кривая

Simple hypothesis простая
гипотеза

Simple lattice design
простой решетчатый план

Simple random sampling
(простой) случайный
выбор

Simple sample простая
выборка

Simple structure простая
структура

Simple table простая
(односторонняя) таблица

Simplex centroid design
симплексный центроидный
план

Simplex design симплексный
план

Simplex method симплекс-
метод

Simulation model
имитирующая модель
(динамической системы)

Simulator моделирующее
устройство

Simultaneous confidence
intervals совместные
доверительные интервалы

Simultaneous discrimination
intervals совместные
дискриминантные (класси-
фицирующие) интервалы

Simultaneous equations model
модель, представленная
посредством системы
уравнений

Simultaneous estimation
совместная оценка

Simultaneous tolerance
interval совместный
толерантный интервал

Simultaneous variance ratio
test совместный
критерий дисперсионного
отношения

Single-factor theory
однофакторная теория
Спирмана в факториаль-
ном анализе

Single sampling
однократная выборка

Single sampling plan
одиночный выборочный
план

Single-tail test
односторонний критерий
(тест)

Singly-linked block design
односвязный блочный
план

Singular distribution
сингулярное
распределение

Singular weighing design
сингулярный взвешенный
план

Sinusoidal limit theorem
синусоидальная
предельная теорема

Six-point assay
"шеститочечное"
испытание (метод пла-
нирования биологичес-
ких испытаний)

Size размер; объем

Size of a region уровень
значимости

Size (of a test) уровень
(критерия)

Skew correlation
асимметричная корреля-
ция (в асимметричном
двумерном распределении)

Skew distribution
асимметричное
распределение

Skew regression
нелинейная регрессия
(устарелый термин)

Skewness асимметрия

Skip-free process   процесс свободный от скачков

Slippage test   скользящий тест

Slope-ratio assay   вид биологического испытания

Slutzky's process   процесс Слуцкого

Slutzky's theorem   теорема Слуцкого

Slutzky–Yule effect   эффект Слуцкого–Юля

Small numbers, law of   закон малых чисел

Smirnov tests   критерии Смирнова

Smooth regression analysis   гладкий регрессионный анализ

Smooth test   гладкий критерий

Smoothing   сглаживание

Smoothing power   мощность (степень) сглаженности ряда

Snap-reading method   метод выборки времен; предложенный Типпеттом

Snedecor's F-distribution   F-распределение Снедекора

Snowball sampling

Spatial point process   пространственный точечный процесс

Spatial systematic sample   пространственный систематический выбор

Spearman–Brown formula   формула Спирмана–Брауна

Spearman estimator   оценка Спирмана

Spearman's footrule   коэффициент ранговой корреляции Спирмана (R) (основанный на абсолютных разностях)

Spearman's ρ коэффициент ранговой корреляции Спирмана (ρ) (основанный на квадратичных разностях)

Spearman–Kärber method   метод Спирмана–Кэрбера (для оценки эквивалентных доз стимулов, порождающих исходы с двумя возможными значениями)

Spearman two-factor theorem   двухфакторная теорема Спирмана

Species of Latin square   категории латинских квадратов

Specific factor   простой фактор

Specific rate   специфический уровень (напр. уровень для определенного возраста)

Specification bias   систематическая ошибка вследствие неправильной модели

Specificity   специфичность

Spectral average   спектральное осреднение

Spectral density   спектральная плотность

Spectral function   спектральная функция

Spectral weight function   спектральная функция веса

Spectral window   спектральное окно

Spectrum   спектр

Spencer formula   формула Спенсера

Spent waiting time   время ожидания

Spherical normal distribution   сферическое нормальное распределение

Spherical variance function   сферическая дисперсионная функция

Spitzer's identity   тождество Спицера

Split-half method   метод оценки надежности критерия (употребляемый обычно в психологии)

Split-plot confounding   перемешивания в планах с расщепленными элементами

Split-plot design   план с расщепленными элементами

Split-plot method   метод эксперементирования, при котором добавляются вспомогательные обработки путем разделения выборочных элементов

Split-test method   метод оценки надежности критерия (употребляемый обычно в психологии)

Spread   разброс данных; размах

Spurious correlation   ложная корреляция

Square contingency   суммарная квадратичная сопряженность признаков

Square lattice   квадратная решетка

Square root transformation   преобразование квадратного корня (стабилизирующее дисперсию пуассоновского распределение)

Squariance   сумма квадратов отклонений от среднего значения

Stability test   критерий
    устойчивости
Stabilisation of variance
    устойчивость
    (стабилизация) дисперсии
Stable process (distribution)
    устойчивый процесс
    (распределение)
Stacy's distribution
    распределение Стаси
    (обобщение гамма-
    распределения)
Staircase design
    "лестничный" план
Staircase distribution
    разрывное распределение
Staircase method   метод
    "вверх и вниз"
Standard deviation
    стандартное отклонение;
    штандарт
Standard equation
    нормальное уравнение
Standard error   стандартная
    ошибка
Standard error of estimate
    стандартное отклонение
    оценки
Standard Latin square
    стандартный латинский
    квадрат
Standard measure
    стандартная мера;
    нормированность
Standard population
    стандартная популяция;
    стандартная совокупность
Standard score   стандартная
    отметка (выраженная в
    единицах нормированного
    отклонения)
Standardised mortality ratio
    нормированный коэффициент
    смертности
Standardised deviate
    стандартизованное
    (нормированное)
    отклонение

Standardised regression
    coefficients   стандарти-
    зованные регрессионные
    коэффициенты
Standardised variate
    стандартизованная
    (нормированная)
    переменная величина
Stationary distribution
    стационарное
    распределение
Stationary population
    стационарное население
Stationary process
    стационарный процесс
Statistic   статистика (в
    математическом смысле)
Statistical decision function
    статистическая решающая
    функция
Statistical tolerance limit
    статистический
    толерантный предел
Statistical tolerance region
    статистическая
    толерантная область
Statistically equivalent
    blocks   статистически
    эквивалентные блоки
Statistics   статистика (в
    нематематическом
    смысле)
Steepest assent, method of
    метод крутого
    восхождения
Stein's two-sample procedure
    двухвыборная процедура
    Ч. Стейна
Steiner's triple systems
    тройные системы
    Стейнера
Stephan's iterative process
    итерационный процесс
    Стифана
Stepwise regression
    шаговая регрессия

Sterogram   стереограмма
'STER' distribution
    распределение STER
Stevens—Craig distribution
    распределение Стивенса-
    Крейга
Stirling distribution
    распределение Стирлинга
Stochastic   стохастический
Stochastic approximation
    procedure   метод
    стохастических
    приближений
Stochastic comparison of
    tests   стохастическое
    сравнение критериев
Stochastic continuity
    стохастическая
    непрерывность
Stochastic convergence
    стохастическая
    сходимость (сходимость
    по вероятности)
Stochastic dependence
    стохастическая
    зависимость
Stochastic differentiability
    стохастическая
    дифференцируемость
Stochastic disturbance
    случайное возмущение
Stochastic integrability
    стохастическая
    интегрируемость
Stochastic kernel
    стохастическое ядро
Stochastic matrix
    стохастическая матрица
Stochastic model
    стохастическая модель
Stochastic process
    случайный (стохастичес-
    кий) процесс
Stochastic programming
    стохастическое
    программирование

Stochastic transitivity
стохастическая
транзитивность
Stochastic variable
случайная величина
Stochastically larger or
smaller стохастически
больший или меньший
Stopping rule правило
остановки
Strata chart диаграмма
сравнения временных
рядов
Strategy стратегия
Stratification стратификация, расслоение
Stratification after selection
расслоение после отбора
Startified sample
расслоеная выборка
Stratum слой
Strength, of a test
мощность критерия
Strictly stationary process
"строго" стационарный
процесс (стационарный в
узком смысле процесс)
Strong law of large numbers
усиленный закон больших
чисел
Strongly consistent estimator
строго-состоятельная
оценка
Strongly distribution-free
строго непараметрический
Structural equation
структурное уравнение
Structural parameters
структурные параметры
Structure строение,
структура
Studentisation стьюдентизация
Studentised maximum absolute
deviate стьюдентизиро-
ванное максимальное
абсолютное отклонение

Studentised range
стьюдентизированный
размах
"Student's" distribution
распределение Стьюдента
"Student's" hypothesis
гипотеза Стьюдента
Sturges' rule правило
Стерджесса (для
приближенного определе-
ния интервала
группировки)
Subexponential distribution
субэкспоненциальное
распределение
Sub-group confounded
перемешанная подгруппа
интеракций
Subjective probability
субъективная вероятность
Submartingale субмартингал
Sub-normal dispersion
"поднормальная"
вариация (соответствую-
щая случаю, когда
отношение Лексиса
меньше единицы)
Subsample подвыборка
(выборка из выборки)
Subsampling подвыбор
Substitute F-ratio
замененное отношение F
(в случае, когда
стандартные оценки
дисперсии заменены
оценками при помощи
размахов)
Substitute t-ratio
замененное отношение t
Substitution подстановка;
замена некоторой выбо-
рочной единицы более
доступной
Successive difference
statistic статистика
последовательных
разностей (приращений)

Sufficiency достаточность
Sukhatme d-statistic
d-статистика Сукхатмэ
Super-efficiency
сверхэффективность
Superfluous variable
"излишняя" переменная
(не влияющая на оценку
линии регрессии)
Supernormal dispersion
"супернормальная"
вариация (соответ-
ствующая случаю, когда
отношение Лексиса
больше единицы)
Superposed process
наложенный процесс
Superposed variation
наложенная вариация
Supersaturated design
сверхнасыщенный план
Supplementary information
дополнительная
информация
Survey обследование;
осмотр
Survey-design выборочный
план
Survivor function функция
выживания
Switchback design
скрещенный план
Symmetric sampling
симметрический выбор
Symmetrical distribution
симметричное
распределение
Symmetrical factorial design
симметричный частичный
план

Symmetrical test
симметричный критерий

Symmetry (Symmetria)
симметрия

"Sympathy" effect желание
обследуемого при
ответах "пойти
навстречу" обследователю

Systematic систематичес-
кий

Systematic design
систематический план

Systematic error
систематическая ошибка

Systematic sample
систематическая выборка

Systematic square
систематический квадрат

Systematic statistic
систематическая
статистика

Systematic variation
систематическая
вариация

t-distribution t -распреде-
ление (Стьюдента)

T-distribution Т-распреде-
ление (Хоттелинга)

T-score отметка,
выраженная в единицах
нормального распределе-
ния со средним 50
единиц и со штандартом
100 единиц

t-test критерий t

T-test критерий Т

Tail area (of a distribution)
хвост (распределения)

Takacs process процесс
Такача

Tandem queues очереди
"гуськом"

Tandem tests
последовательность
двух критериев типа
Вальда [термин
предложенный Абрамсон
(1966)]

Tantiles тантили
(итальянский термин)

Tchebychev—Hermite poly-
nomials полиномы
Чебышева-Эрмита

Tchebychev inequality
неравенство Чебышева

Temporary continuous process
непрерывный во времени
процесс

Temporary homogeneous
process однородный во
времени процесс

Terminal decision
окончательное решение

Terry's test критерий
Гефдинга-Тэрри

Test coefficient веса
(коэффициенты) факторов
в модели факториального
анализа

Test of normality критерий
нормальности

Test statistic тестовая
статистика (статистика,
лежащая в основе
критерия)

Tetrachoric correlation
тетрахорическая
корреляция; тетра-
хорический показатель
связи

Tetrachoric function
тетрахорическая функция

Tetrad difference
тетрадная разность (в
корреляционной матрице,
состоящей из двух строк
и двух столбцов)

Theoretical frequencies
теоретические частоты

Theoretical variable
теоретическая переменная

Thomas distribution
распределение Томаса

Thompson's rule правило
Томпсона

Three-dimensional lattice
трехмерная решетка

Three-point assay трех-
точечное испытание
(метод планирования
биологических
испытаний)

Three-series theorem
теорема Колмогорова о
трех рядах

Ticket sampling
"лотерейная" выборка

Tied ranks совпавшие
ранги

Tightened inspection
тщательное обследование

Tilling метод
систематического
нахождения всех
элементарных регрессий
в уравнении регрессии

Time antithesis индекс,
полученный из данного
индекса путем противопо-
ложения (взаимной
перестановки) времен

Time comparability factor
коэффициент сравнимости
времен

Time lag временная
задержка; запаздывание
во времени

Time reversal test тест
обратимости во времени

Time series временной ряд

Tolerance distribution
толерантное (допустимое)
распределение

Tolerance factor фактор
допуска (разность
верхнего и нижнего
толерантных пределов
деленная на
стандартное отклонение)

Tolerance limits
толерантные (допустимые)
пределы

Tolerance number of defects
допустимое число
дефективных изделий

Total correlation полная
корреляция

Total determination,
coefficient of
коэффициент полной
детерминации (квадрат
коэффициентов множест-
венной корреляции)

Total inspection полная
инспекция; сплошная
инспекция

Total regression полная
регрессия

Traffic intensity
интенсивность потока

Transfer function
передаточная функция

Transformation set of Latin
squares преобразован-
ный (путем пермутаций
строк, столбцов и букв)
набор латинских
квадратов

Transient state переходное
состояние

Transition probability
вероятность перехода

Translation parameter
параметр сдвига

Transvariation
трансвариация

Treatment обработка;
воздействие; вариант

Treatment mean-square
сумма квадратов
вариантов;
варьирование вариантов

Trend тренд

Trend fitting пригонка
тренда; выравнивание
тренда

Trial испытание; опыт;
проба

Triangle test треугольный
критерий

Triangular association
scheme треугольная
ассоциативная схема

Triangular design
треугольный план

Triangular distribution
треугольное распределе-
ние

Triangular linked blocks
треугольно сцепленные
блоки

Trimming "обрезывание"
крайних наблюдений

Trinomial distribution
триномиальное
распределение

Triple comparisons
тройные сравнения

Triple lattice тройная
решетка

Trough впадина;
локальный минимум

True mean истинное
среднее значение

True regression
правильная регрессия

Truncation усечение;
урезывание

Tukey statistic
статистика Тьюки

Tukey's gap test критерий
пробелов Тьюки

Tukey's q-test q-критерий
Тьюки

Tukey's quick test
"быстрый" критерий
Тьюки

Turning point точка
поворота, локальный
экстремум

Two-by-two (frequency) table
дихотомическая таблица

Two-factor theory
двухфакторная теория
Спирмана в
факториальном анализе

Two-phase sampling
двухфазная выборка

Two-sided test
двухсторонний критерий

Two-stage sample
двухступенчатая выборка

Two-way classification
двухсторонняя
классификация;
классификация по двум
признакам

Type тип

Type bias смещение типа

Type A distribution
распределение типа A
(вид сложного распреде-
ления Пуассона)

Type B distribution
распределение типа B
(обобщение распределе-
ния типа A)

Type C distribution
распределение типа C
(обобщение распределе-
ния типа A)

Type I distribution
распределение Пирсона I
типа

Type II distribution
распределение Пирсона
II типа

Type III distribution
распределение Пирсона
III типа

Type IV distribution
распределение Пирсона
IV типа

Type V distribution
распределение Пирсона
V типа

Type VI distribution
распределение Пирсона
VI типа

Type VII distribution
распределение Пирсона
VII типа

Type VIII distribution
распределение Пирсона
VIII типа

Type IX distribution
распределение Пирсона
IX типа

Type X distribution
распределение Пирсона
X типа

Type XI distribution
распределение Пирсона
XI типа

Type XII distribution
распределение Пирсона
XII типа

Type I error   ошибка
первого рода

Type II error   ошибка
второго рода

Type I and II probabilities
вероятности первого и
второго рода

Type A region   область
типа A

Type B region   область
типа B

Type C region   область
типа C

Type D region   область
типа D

Type E region   область
типа E

Type I sampling   выбор
типа I

Type II sampling   выбор
типа II

Type A series   ряд типа A

Type B series   ряд типа B

Type C series   ряд типа C

Typical characteristic
типичная характеристика

Typical period   базисный
период

Typical year   базисный
год для индекса

U-shaped distribution
U-образное распределе-
ние

U-statistics   U-статистика

Ultimate cluster   группа
объектов последней
стадии выборки,
составляющая объект
первой стадии

Unadjusted moment   момент
без поправок

Unbiassed confidence
intervals   несмещенные
доверительные интервалы

Unbiassed critical region
несмещенная критическая
область

Unbiassed error
несмещенная погрешность

Unbiassed estimating equation
несмещенное оценочное
уравнение

Unbiassed estimator
несмещенная оценка

Unbiassed sample
несмещенная выборка

Unbiassed test
несмещенный критерий

Unequal subclasses
неодинаковые подклассы

Uniform distribution
равномерное распределе-
ние

Uniform sampling fraction
равномерная
выборочная доля

Uniformity trial   испытание,
при котором каждый
объект подвергается
одному и тому же
воздействию

Uniformly best constant risk
(U.B.C.R.) estimator
оценка с равномерно
наилучшим риском

Uniformly best distance
power (U.B.D.P.) test
критерий с равномерно
наилучшими равноуда-
ленными мощностями

Uniformly best decision
function   равномерно
наилучшая решающая
функция

Uniformly minimum risk
равномерно
минимальный риск

Uniformly most powerful
(U.M.P.) test   равно-
мерно наиболее мощный
критерий

Uniformly unbiassed
estimator   равномерно
несмещенная оценка

Unimodal   унимодальный;
одновершинный

Union-intersection principle
принцип объединения и
пересечения

Unique factor   единственный, хорошо определен-
ный фактор

Uniqueness   единствен-
ность; часть факторного
влияния, не являющаяся
общей для всех перемен-
ных

Unit-stage sampling
одноступенчатый выбор

Unit normal variate
стандартизованная
нормальная величина

Unitary sampling
одиночный выбор

Unitemporal model
нединамическая модель
(уравнение которой не
содержит функции
времени)

Univariate distribution
одномерное распределение

Universe генеральная совокупность

Unlikelihood ratio
отношение неправдоподобия (разновидность решающего правила)

Unreduced designs
неприведенные планы

Unreliability ненадежность

Unrestricted random sample
неограниченная случайная выборка

Unweighted mean
невзвешенное среднее

Unweighted means method
(in variance analysis)
метод невзвешенных средних

Up-and-down method
метод "вверх и вниз"

Up-cross перемена знака
(временного ряда) с минуса на плюс

Upper control limit верхний контрольный предел

Upper quartile верхний квартиль

Upward bias смещение вверх

Uspensky's inequality
неравенство Успенского

V_N test V_N критерий

Validation метод проверки беспристрастности выборки

Valore poziore значение переменной величины, дающее максимум по умножению на соответствующую частоту (итальянский термин)

Value index индекс цен

Van der Waerden's test
критерий Ван дер Вардена

"Vanity" effect
систематическая ошибка (смещение) в обследовании вследствие неправильного ответа, когда опрашиваемый дает ответ который ему более благоприятен

Variability изменчивость; мера изменчивости

Variable переменная величина

Variable lot-size plan
выборочный план с партиями переменного объема

Variable sampling function
переменная выборочная доля (для расслоенной выборки)

Variables inspection
инспекция по количественному признаку

Variance дисперсия

Variance analysis
дисперсионный анализ

Variance component
компонента дисперсии

Variance-covariance matrix
ковариационная матрица; матрица ковариаций

Variance function
дисперсионная функция

Variance ratio distribution
распределение дисперсионного отношения (распределение отношения двух случайных величин распределенных по закону χ^2)

Variance-ratio test критерий дисперсионного отношения

Variate случайная величина; случайная переменная; варианта

Variate difference method
метод анализа временных рядов для определения случайной компоненты

Variate transformation
преобразование случайной переменной

Variation, coefficient of
коэффициент вариации

Variation flow analysis
анализ потока вариаций

Variazione нормированное отклонение (итальянский термин)

Variogram вариограмма (видоизменение коррелограммы)

Vector alienation coefficient
векторный коэффициент чужеродности

Vector correlation coefficient
векторный корреляционный коэффициент

Venn diagram диаграмма Венна

Von Mises distribution
распределение Мизеса

Von Neumann's ratio
отношение фон Неймана

"W" statistics
"W" статистика

W_n^2-test W_n^2-тест

"W" test for normality
"W" критерий нормальности

WAGR test критерий WAGR (ВАГР) (последовательный критерий Вальда, Арнольда, Голдберга и Раштона)

Waiting line очередь

Waiting time время ожидания (или время пребывания в системе)

Wald—Wolfowitz test
критерий Вальда-
Вольфовица

Wald's classification
statistic статистика
классификаций Вальда

Walker probability function
функция распределения
Уолкера

Waring distribution
распределение Варинга

Watson 'U' statistic 'U'
статистика Ватсона

Wedge plans "клиновые"
планы

Weibull distribution
распределение Вейбулла
(Гнеденко-Вейбулла)

Weighing design
взвешенный план

Weight вес

Weight bias смещение
вследствие ошибочного
взвешивания

Weight function весовая
функция

Weighted average
взвешенное среднее

Weighted battery линейная
комбинация критериев с
различными весами

Weighted index-number
взвешенный индекс

Weighting coefficient
весовой коэффициент

White noise белый шум

Whittaker periodogram
периодограмма
Уиттакера

Wide sense stationary process
стационарный процесс в
широком смысле

Wiener—Hopf technique
метод Винера-Хопфа

Wiener process
винеровский процесс

Wiener—Khintchine theorem
теорема Винера-Хинчина

Wilcoxon signed rank test
ранговый критерий
знаков Вилкоксона

Wilcoxon's test критерий
Вилкоксона

Wilk's criterion критерий
Уилкса

Wilk's internal scatter
внутренний разброс
Уилкса

Wilks'—Lawley U_l statistic
U_l статистика Уилкса-
Лоули

Wilks—Rosenbaum tests
критерий Уилкса-
Розенбаума

Wilson—Hilferty transformation трансформация
Вилсона-Хилферти

Window окно

Winsorised estimate
винзоризованная оценка

Wishart distribution
распределение Вишарта
(Уишарта)

Within-group variance
дисперсия внутри групп

Wold's decomposition theorem
теорема разложения
Вольда

Wold's Markov process of
intervals марковский
процесс интервалов

Working probit рабочий
пробит (оценка пробита
по эмпирическому
пробиту и ожидаемому
пробиту)

Working mean условное
среднее

Yates' correction поправка
Иэйтса; Иэйтса корректи-
ровка

Youden square квадрат
Юдена

Yule distribution
распредение Юля

Yule process процесс
Юля

Yule's equation
уравнение Юля

Yule's hyperbolic distribution
гиперболическое
распределение Юля

Z-chart графическое
распределение временных
рядов в форме трех
линий, образующих
букву Z

z-distribution z-распределение (распределение
логарифмической
трансформации
дисперсионного
отношения)

z-score нормированная
отметка

z-test z-тест (критерий,
основанный на
z- распределении)

z-transformation
z-трансформация Фишера
для корреляционного
коэффициента

Zelen inequality
неравенство Зелена

Zero sum game игра с
нулевой суммой

Zeta distribution Дзета
распределение

Zipf's law закон Ципфа

Zonal polynomial
зональный многочлен

Zonal sampling зональный
выбор

Zone of indifference зона
(область) безразличия;
область в которой
решение не принимается

Zone of preference область
предпочтения; зона
приемки окончательного
решения в последо-
вательном анализе.